高等院校工业设计专业系列教材

产品设计材料与工艺

Product Design
Materials and Techniques

U0197717

李津　编著

清华大学出版社
北京

内 容 简 介

本书全面系统地讲述了常用产品设计材料的基本种类、特性和常用加工工艺,并且结合大量的案例,分析了材料的特点及应用方法,力求理论结合实际,其中多数案例为较典型产品和目前较流行的加工工艺。

全书分为 7 章,第 1 章为概述,第 2～6 章分别以不同材料为主体,对金属、塑料、橡胶、木材、陶瓷以及玻璃等材料的相应性能、分类、组成、应用范围及成型工艺的特点等进行详细讲解,并结合经典或最新设计案例展开进一步说明,第 7 章介绍了一些新型材料或对未来产品设计产生重要影响的前沿新型科技材料及其特点。本书力求文字简洁,通俗易懂,不过多地涉及材料的物理、化学、力学等方面的专业理论。书中配有大量的设计案例和图片,使读者一目了然,便于融会贯通。

本书结构合理,内容丰富,不仅可以作为高等院校工业设计和产品设计专业的教材使用,而且可供其他相关专业及广大从事工业产品设计的人员阅读参考。

图书在版编目 (CIP) 数据

产品设计材料与工艺 / 李津 编著 . — 北京:清华大学出版社,2018(2024.8重印)
(高等院校工业设计专业系列教材)

ISBN 978-7-302-49426-3

Ⅰ . ①产⋯ Ⅱ . ①李⋯ Ⅲ . ①产品设计—高等学校—教材 Ⅳ . ① TB472

中国版本图书馆 CIP 数据核字 (2018) 第 014942 号

责任编辑:李 磊
装帧设计:王 晨
责任校对:孔祥峰
责任印制:丛怀宇

出版发行:清华大学出版社
　　　　　网　　　址:https://www.tup.com.cn, https://www.wqxuetang.com
　　　　　地　　　址:北京清华大学学研大厦A座　　　　邮　　编:100084
　　　　　社 总 机:010- 83470000　　　　　　　　　　邮　　购:010-62786544
　　　　　投稿与读者服务:010-62776969, c-service@tup.tsinghua.edu.cn
　　　　　质 量 反 馈:010-62772015, zhiliang@tup.tsinghua.edu.cn
印 装 者:三河市龙大印装有限公司
经　　销:全国新华书店
开　　本:190mm×260mm　　　印　　张:12　　　字　　数:354千字
版　　次:2018年3月第1版　　　　　　　　　　 印　　次:2024年8月第13次印刷
定　　价:59.80元

产品编号:068536-01

高等院校工业设计专业系列教材

编委会

主 编

兰玉琪
天津美术学院产品设计学院
副院长、教授

副主编

高 思

编 委

李 津	马 彧	高雨辰	邓碧波	李巨韬	白 薇
周小博	吕太锋	曹祥哲	谭 周	张 莹	黄悦欣
潘 弢	陈永超	张喜奎	杨 旸	汪海溟	寇开元

专家委员

天津美术学院院长	邓国源	教授
清华大学美术学院院长	鲁晓波	教授
湖南大学设计艺术学院院长	何人可	教授
华东理工大学艺术学院院长	程建新	教授
上海视觉艺术学院设计学院院长	叶 苹	教授
浙江大学国际设计研究院副院长	应放天	教授
广州美术学院工业设计学院院长	陈 江	教授
西安美术学院设计艺术学院院长	张 浩	教授
鲁迅美术学院工业设计学院院长	薛文凯	教授

序

今天，离开设计的生活是不可想象的。设计，时时事事处处都伴随着我们，我们身边的每一件东西都被有意或无意地设计过和设计着。

工业设计也是如此。工业设计起源于欧洲，有百年的发展历史，随着人类社会的不断发展，工业设计也经历了天翻地覆的变化：设计对象从实体的物慢慢过渡到虚拟的物和事，设计方法关注的对象也随之越来越丰富，设计的边界越来越模糊和虚化；从事工业设计行业的人，也不再局限于工业设计或产品设计专业的毕业生。也因此，我们应该在这种不确定的框架范围内尽可能全面和深刻地还原和展现工业设计的本质——工业设计是什么？工业设计从哪儿来？工业设计又该往哪儿去？

由此，从语源学的视角，并在不同的语境下厘清设计、工业设计、产品设计等相关的概念，并结合对围绕着我们的"被设计"的事、物和现象的观察，无疑可以帮助我们更深刻地理解工业设计的内涵。工业设计的综合性、交叉性和边缘性决定了其外延是广泛的，从艺术、文化、经济和技术等不同的视角对工业设计进行解读或许可以更完整地还原工业设计的本质，并帮助我们进一步理解它。

从时代性和地域性的视角下对工业设计历史的解读，不仅仅是为了再现其发展的历程，更是为了探索推动工业设计发展的动力，并以此推动工业设计进一步的发展。无论是基于经济、文化、技术、社会等宏观环境的创新，还是对产品的物理空间环境的探索，抑或功能、结构、构造、材料、形态、色彩、材质等产品固有属性以及哲学层面上对产品物质属性的思考，或者对人的关注，都是推动工业设计不断发展的重要基础与动力。

工业设计百年的发展历程给人类社会的进步带来了什么？工业发达国家的发展历程表明，工业设计教育在其发展进程中发挥着至关重要的作用，通过工业设计的创新驱动，不但为人类生活创造美好的生活方式，也为人类社会的发展积累了极大的财富，更为人类社会的可持续发展提供源源不断的创新动力。

众所周知，工业设计在工业发达国家已经成为制造业的先导行业，并早已成为促进工业制造业发展的重要战略，这是因为工业设计的创新驱动力发生了极为重要的作用。随着我国经济结构的调整与转型，由"中国制造"变为"中国智造"已是大势所趋，这种巨变将需要大量具有创新设计和实践应用能力的工业设计人才，由此给我国的工业设计教育带来了重大的发展机遇。我们充分相信，工业设计以及工业设计教育在我国未来的经济、文化建设中将发挥越来越重要的作用。

目前，我国的工业设计教育虽然取得了长足发展，但是与工业设计教育发达的国家相比确实还存在着许多问题，如何构建具有创新驱动能力的工业设计人才培养体系，成为高校工业设计教育所面临的重大挑战。此套系列教材的出版适逢"十三五"专业发展规划初期，结合"十三五"专业建设目标，推进"以教材建设促进学科、专业体系健全发展"的教材建设工作，是高等院校专业建设的重点工作内容之一，本系列教材出版目的也在于此。工业设计属于创造性的设计文化范畴，我们首先要以全新的视角审视专业的本质与内涵，同时要结合院校自身的资源优势，充分发挥院校专业人才培养的优势与特色，并在此基础上建立符合时代发展的人才培养体系，更要充分认识到，随着我国经济转型建设以及文化发展对人才的需求，产品设计专业人才的培养在服务于国家经济、文化建设发展中必将起到非常重要的作用。

此系列教材的定位与内容以两个方面为依托：一、强化人文、科学素养，注重世界多元文化的发展与中国传统文化的传承，注重启发学生的创意思维能力，以培养具有国际化视野的复合型与创新型设计人才为目标；二、坚持"科学与艺术相融合、创新与应用相结合"，以学、研、产、用一体化的教学改革为依托，积极探索具有国内领先地位的工业设计教育教学体系、教学模式与教学方法，教材内容强调设计教育的创新性与应用性相结合，增强学生的创新实践能力与服务社会能力相结合，教材建设内容具有鲜明的艺术院校背景下的教学特点，进一步突显了艺术院校背景下的专业办学特色。

希望通过此系列教材的学习，能够帮助工业设计专业的在校学生和工业设计教学、工业设计从业人员等更好地掌握专业知识，更快地提高设计水平。

天津美术学院产品设计学院
副院长、教授

前　言

　　产品设计是工业产品的功能技术设计与美学设计的结合与统一，集现代科学技术与社会文化、经济与艺术于一体。产品设计综合运用科技成果和社会、经济、文化、美学等知识，对产品的功能、结构、形态及包装等进行整合优化的集成创新活动，实际上是将原料的初始形态通过某些加工工艺改变为更有价值的形态的过程。对于产品设计来说，产品使用者直接所见、所触及的唯有材料，因此材料是产品功能与形态的物质载体。产品设计通过材料得以实现，而材料通过产品设计提高了其自身价值。材料以其自身的特性影响着产品设计，材料通过自身的物理、化学、力学、光学等性能，保证了产品功能与形态的可实现性。

　　材料、能源和信息作为现代社会发展的三大技术支柱，而材料排在之首。这是因为能源和信息必须依托材料而存在。翻开人类的历史，我们不难发现，人类的造物活动伴随着整个人类社会发展的始终，也是一部不断发现材料、开发材料、应用材料的历史。人类在造物活动中所创造的器物，不仅创造了新材料及利用材料的新方法，而且改变了人类的生活条件。随着科学技术的发展，各种现代新材料、新工艺的不断出现，给产品设计提供新的条件，给设计的飞跃式发展带来新的可能，产生新的设计风格、新的产品结构和新的功能。而新的设计构思对材料和工艺也提出了更新和更高的要求，也就促进了材料科学和新工艺技术的发展，为人类的造物活动创造了更加广阔的天地。

　　产品设计的过程，实际上就是对材料的理解、认识和组织的过程。任何产品设计都是在选用特定材料的基础上进行的，都必须使材料的性能、加工工艺与功能、使用要求相一致。

　　因此，产品设计师与工程技术人员需要熟悉各种材料的物理、化学、力学等性能和加工工艺、表面处理工艺及各种成型技术的特性，理解产品功能、形态与材料、工艺之间的关系与人、环境之间的关系，学会运用材料思考，并且能作为一种设计的方法。通过学习，在材料的应用方面，不仅是对已有传统材料的应用，更重要的是要去创造传统材料和工艺的新应用。对于产品设计师来说是一门必修课，有利于产品设计师更好地把握新材料和应用新材料，从而设计出更多的、满足人们需求的实用又美观的新产品。

　　为了适应社会新形势，产品设计专业对设计材料及加工工艺有了新的知识要求，我们在总结了多年的教学经验、实践经验的基础上编写了本书。全书共分 7 章。第 1 章为概述，第 2 ~ 6 章分别以不同材料为主体，对金属、塑料、橡胶、木材、陶瓷及玻璃等材料的相应性能、分类、组成、应用范围及成型工艺的特点等进行详细讲解，并结合经典或最新设计案例展开进一步说明，第 7 章介绍了一些新材料的特点及其加工工艺。案例的分析可以引导读者思考如何去使用材料，运用材料进行创新设计。

　　本书作为产品设计专业的教材及专业设计师的辅助学习资料，力求文字简洁，通俗易懂，不过多地涉及材料的物理、化学、力学等方面的专业理论。书中配有大量的设计案例和图片，使读者一目了然，便于融会贯通，从而让读者能够更直观地领悟到材料与加工工艺在产品设计中的应用所产生的设计魅力。

本书由李津编著，毕红红、宋汶师、彭雪瑶、王楠、兰玉琪、汪海溟、寇开元、白薇、杨旸、潘弢、高建秀、程伟华、孟树生、邵彦林、邢艳玲、高思等也参与了本书的编写工作。由于作者水平所限，书中难免有疏漏和不足之处，恳请广大读者批评、指正。

本书提供了 PPT 教学课件，扫一扫右侧的二维码，推送到自己的邮箱后即可下载获取。

编　者

目 录

第4章 木材及其加工工艺   77

第5章 陶瓷材料及其加工工艺   109

第6章 玻璃材料及其加工工艺   134

《 第 1 章 》
产品设计材料与工艺概述

1.1 工业产品

工业产品是指工业企业用材料进行生产性活动所创造出的有用途的生产成果。生产的重要成果最终是能够被人们使用，并满足人们某种功能需求的物质，即工业产品。其中材料是人类用于制造生活用品、器件、构件、机器、工具和其他产品的原料物质。

1.2 产品设计

产品设计是工业产品的功能技术设计与美学设计的结合与统一，是对产品的功能、结构、形态等进行整合优化的集成创新活动。它实现了将原料的形态改变为更有价值的具有功能性的形态产品。产品设计师通过对人的生理、心理、生活习惯等一切关于人的自然属性和社会属性的认知，进行产品的功能、性能、形式、价格、使用环境的定位，结合材料、技术、结构、工艺、形态，再通过多种元素如线条、符号、数字、色彩、表面处理、装饰、成本等因素，从社会的、经济的、技术的角度进行创意性设计。

1.3 产品材料

产品材料是人类用于制造生活用品、器件、构件、机器、工具和其他产品所需要用的，具有物理、化学等特性的物质原料。材料是产品设计的物质基础，不仅体现在产品的功能与结构方面，也体现在工业产品的审美形态上。

任何一种材料自身都有其特点来影响着产品设计。任何产品设计必须通过一定的材料作为载体来创造。产品设计的基础是对材料的合理运用，但是产品设计又受材料属性的制约。新的设计构思也要求有相应的材料来实现，这就对材料提出新的要求，促进了材料科学的发展，使新材料层出不穷。例如，电子信息材料、新能源材料、纳米材料、先进复合材料、先进陶瓷材料、生态环境材料、新型功能材料（含高温超导材料、磁性材料、金刚石薄膜、功能分子材料等）、生物医用材料、智能材料、新型建筑及化工材料等。每一种新材料的出现都会为设计实施的可能性创造条件，并对设计提出更高的要求，使新材料在很多领域都发挥着重要的作用，出现新的设计风格，产生新的功能、新的结构和新的审美特征，给设计带来新的飞跃。在设计中，设计活动与材料的发展是相互影响、相互促进、相辅相成的关系。

各类新材料也越来越受到设计师的关注，我们可以看到设计师们在产品设计的创新过程中，一直致力于对新材料的了解、探索和应用。虽然新材料层出不穷，但简单的传统材料仍然有很多值得探索的方面，如何在设计实践中使这些材料更好地发挥其作用，设计师们将面对各种不同的挑战。

材料的发展推动了运用材料技术的进步，同时也推动了产品设计的发展。应用于产品的材料，所涉及范围极其广阔，也极其庞杂，分类方法也众多。通常分类方法如下。

1.3.1 材料分类

1. 按材料尺寸分类

零维材料：即超微粒子，粒子大小为 1~100nm 的超微粒纳米材料。

一维材料：光导纤维、碳纤维、硼纤维、陶瓷纤维等。

二维材料：金刚石薄膜、高温超导薄膜、半导体薄膜等。

三维材料：块状材料。

2. 按材料用途分类

按产品的使用性能及用途分类，可将材料分为结构材料和功能材料两大类。

1) 结构材料

结构材料是指具有以力学性能为基础，以制造受力构件所用的材料。用于结构目的的材料，有抵抗外场作用而保持自己的形状、结构不变的优良力学性能（强度和韧性等），包括结构钢、工具钢、铸铁、普通陶瓷、耐火材料、工程塑料等传统的结构材料（一般结构材料），以及高温合金、结构陶瓷等高级新型结构材料。严格地说，结构材料也是一类功能材料，是属于力学功能型的一个大类材料。

2) 功能材料

功能材料则主要是利用物质的独特物理、化学性质或生物功能等而形成的一类材料。功能材料是具有特殊的电学、磁学、热学、光学、声学、力学、化学、生物学等或相互转化的性能与功能，被用于非结构目的的材料，利用材料结构力学功能以外的其他功能特性制造产品。

一种材料往往既是结构材料，又是功能材料，如铁、铜、铝等。

3. 按物理性质分类

按物理性质分类，可分为导电材料、半导体材料、绝缘材料、磁性材料、透光材料、高强度材料、高温材料、超导材料等。

4. 按物理效应分类

按物理效应分类，可分为压电材料、热电材料、非线性光学材料、磁光材料、光电材料、电光材料、声光材料、激光材料、记忆材料等。

5. 按材料领域分类

按材料领域分类，可分为结构材料、信息材料、研磨材料、电子材料、耐火材料、电工材料、建筑材料、光学材料、包装材料、感光材料、能源材料、航空航天材料、生物医用材料、环境材料、耐蚀材料、耐酸材料等。

6. 按传统分类

按传统分类，可分为传统材料与新型材料。传统材料是指那些已经成熟且在工业中已批量生产并大量应用的材料，如钢铁、水泥、塑料等。这类材料由于其产量大、产值高、涉及面广泛，又是很多支柱产业的基础，所以又称为基础材料。新型材料（先进材料）是指那些正在发展，且具有优异性能和应用前景的一类材料。

7. 按化学组成分类

按化学组成分类，也是最通用的分类方法，分为金属材料、无机非金属材料与有机高分子材料三大材料。

1) 金属材料

金属材料是金属元素或以金属元素为主构成的具有金属特性的材料的统称，包括纯金属、合金和特种金属材料等。大部分金属材料都有很好的物理及化学性能，如强度、硬度、塑性、韧性、疲劳强度等，是产品的基础材料。

2) 无机非金属材料

无机非金属材料一般是指除碳元素以外各元素的化合物，如水、玻璃、陶瓷、硫酸、石灰等，是产品应用中除金属材料、有机高分子材料以外所有材料的总称。

3) 有机高分子材料

有机高分子材料具有两个基本特性。首先它是有机物，然后它的分子量很大，也就是有机聚合物。有机高分子材料的特点：质地轻、原料丰富、加工方便、性能良好、用途广泛，具有机械强度大、弹性高、可塑性强、硬度大、耐磨、耐热、耐腐蚀、耐溶剂、电绝缘性强、气密性好等。这些特点使得高分子材料在产品领域具有非常广泛的用途。

具体分类如下。

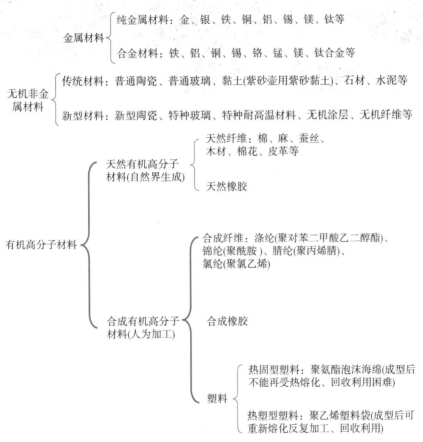

1.3.2　材料的选择原则

产品设计中材料的选择，是产品设计实现的重要基础环节，自始至终影响整个设计过程。设计材料种类繁多，且每种材料都有自身的特性，加上新材料的不断涌现，在产品设计中如何选择材料使其性能和产品设计功能与审美相适应是核心问题。产品材料的选择对产品结构设计、加工工艺、生产成本及生产周期甚至审美都有直接影响。选材的好坏也关系到整个产品性能的优劣、质量好坏、使用寿命等。因此，作为设计师掌握各类设计材料的特性、正确选用材料及相宜的加工方法，是产品设计的基本要求。要依据科学的原则，尽量发挥材料自身的特点、特性，充分表达出材质的美学和质感特征。创造出独有的设计风格，实现好的设计，创造出好的产品。在产品设计中，材料选择一般遵循以下基本原则。

1. 使用性原则

在材料的选择中，最基本的要求就是性能必须满足产品的功能和使用需求，达到期望的使用寿命；同时要满足产品结构、形态、功能在所处的工作环境下安全、可靠性等方面的要求。不同功能的产品对选材的要求也各不相同，某一件产品的部件也根据具体的使用要求、硬度、强度、刚度等需求，确定其使用性能，选择使用不同的材料。

在汽车设计中，具有良好的冲压性能、焊接性能、防腐性能、防锈性能及抗冲击性能的金属材料常用于车身、发动机、离合器等各零部件；塑料有诸多金属和其他材料不具备的优良性能，常用于各种结构零件、隔热防震零件、仪表外壳、车身外部部件等，以及汽车内饰及各种操作装置，如方向盘等，如图 1-1 所示。

图 1-1　汽车车身中所用的材料

2. 工艺性原则

工艺性能也是选材时应考虑的重要因素。材料的工艺性能可定义为材料性能适应的加工工艺，从而获得规定的使用性能和外形的能力，因此工艺性能可以影响零件的内在性能、外部质量、生产成本和生产效率等。产品整体质量也与材料加工过程中的工艺水平有很大关系。所选材料应具备良好的工艺性能，即技术难度小、工艺简单、能源消耗小、材料利用率高，并能保证产品的质量。

3. 经济性原则

经济性涉及材料的成本高低、材料的供应是否充足、加工工艺过程是否复杂以及成品率的高低。从经济性原则考虑，通常在满足产品使用性能的前提下，应尽可能选用价廉、货源充足、加工方便、成本低的材料。

4. 美学原则

工业产品的美主要体现在以下两个方面。

其一，产品外在表现形态所呈现出来的"形式美"。

其二，产品内在的结构及表面肌理和谐有序呈现出的"技术美"。例如，材料本身与加工后所得到的亚光塑料给人以和谐朴实之美，拉丝金属给人以科技感，以及半透明材料的绚丽可爱，透明玻璃的晶莹剔透，白色陶瓷的纯洁之美，木材的温馨自然之美。好的设计有时也需要好的材料来渲染，诱使人去想象和体会，让人心领神会而怦然心动。当然还有操作方面的问题，操作是否方便、安全、简单、舒适，也成为衡量技术美的一个重要标准。只有操作起来得心应手且功能很好的工业产品，才能给人以美的感受。

整体纤细的造型，具有日本风格的瓶子设计。但是由于使用的材料不同，造型不同，体现出来的美感也不同，如图 1-2 所示。

5. 安全原则

设计师要按产品设计要求，按各项产品的国家安全标准选用材料。另外，接触身体尤其是儿童身体的产品（儿童玩具等），以及接触食品的产品（餐盒、餐具等）必须选用无毒、无害的材料。这一点非常重要。

图 1-2　原研哉瓶子设计

6. 环境友好性原则

影响产品材料的选择还表现在环境因素上。产生于 20 世纪 80 年代末的绿色设计作为一种可持续的设计观，反映了人们对现代科技所引起的环境及生态破坏的反思。主要强调对不可再生资源的合理开发、节约和循环利用，以及对可再生资源的不断增值、合理利用。当下，绿色设计不仅要考虑技术层面，更重要的是，这是一种设计观念的变革，并且成为国际设计潮流。这种绿色可持续发展观念也逐渐渗入大众的日常生活。它影响人们选择产品的行为的同时，也影响设计师们对产品的设计观念、考虑回收等环节，使用对自然环境造成的危害最小的材料。从材料的选择角度看，则强调以下几个方面：使用低能耗、可降解、可回收利用、对自然伤害较小的材料；设计中遵循简洁明了的原则，减少不必要的装饰。

7. 创新性原则

设计的内涵是创新，创新是推动产品设计进步的主要动力。随着社会的发展、进步，社会需要更多的新功能、新理念的工业产品。因此，设计师要善于利用传统材料创新使用。另外，随着科学技术的发展，新材料也不断涌现。这些都为设计师创新设计提供了物质保证，创新出众多优秀工业产品，满足人们以使用为基础的更多需求。

1.4　产品工艺

1.4.1　工艺

工艺的解释：工，工序；艺，技艺。产品的生产工艺，是指产品生产的工序和技艺。其中，"工序"是指生产过程中的各个阶段、环节，也指各加工阶段（环节）的先后次序。"技艺"是指包含有手工、机械操作生产过程中具有的技巧、技术的能力，即我们对产品如何利用各类生产工具与资源对各种材料、半成品进行加工或处理，最终使之成为产品的方法与过程。

1.4.2　产品工艺特性

工业产品最终成为产品，必须是材料经过特定的加工成型生产完成。其加工生产过程就是加工工艺。其内容包括产品生产加工的流程路线、工艺步骤、工艺方法、工艺指标、工艺参数、工艺控制、操作要点及对原料、动力、设备、人员的选型与配置等要素的组织生产实施方案。这些工艺要素各异，就使得产品加工工艺呈现多样性特征。因此，任何一件产品成型所涉及的加工工艺有多种选择。其特点有以下几方面。

(1) 不同的产品有不同的生产加工工艺，同一产品也可能有多种生产加工工艺选择。就同一种产品，在不同的企业，产品的加工工艺未必是一样的。产品开发者和工艺设计者可根据当地能源、环境条件、产业政策等情况与设备、资源，以及劳动者、企业的具体条件及原材料特性、性能来综合考虑与选择最佳的产品加工工艺。

(2) 产品的材料、结构均相同，但由于加工工艺方法不同，最终所获得的产品质量也不同。同样的零件采用砂型铸造成型，所得零件粗糙，尺寸精度很低，如采用熔模铸造，零件的精度和表面质量就提高很多。

(3) 新工艺的应用是替代传统旧工艺，提高产品质量与效率及环保的有力措施。

1.4.3 产品工艺选择原则

1. 先进性

应尽可能采用先进技术和高新技术。衡量技术先进性的指标是产品质量性能、产品使用寿命、单位产品物耗能耗、劳动生产率、装备现代化水平等。

2. 适用性

采用的工艺技术应该与资源条件、生产条件、设备条件、管理水平、人力资源相适应，并以材料特性、性能来选择最合适的产品工艺。

3. 可靠性

采用的技术、设备质量必须是可靠性的，工艺流程路线也必须是可行性的。

4. 安全性

采用的技术与设备在正常使用过程中应能保证生产安全运行。

5. 环保性

尽可能采用低噪声的工艺设备及工艺方法。尽可能减少废渣、废液及废气的产生，避免对大气环境造成危害。另外，优先考虑采用低能耗工艺，合理利用资源，减少边角料，提高材料回收利用率。

6. 经济合理性

采用的工艺不应为追求先进而先进，应着重分析所采用的工艺是否经济合理，是否有利于降低投资和产品成本，提高综合经济效益。如图 1-3 所示为某电气企业的开关生产工艺流程图。

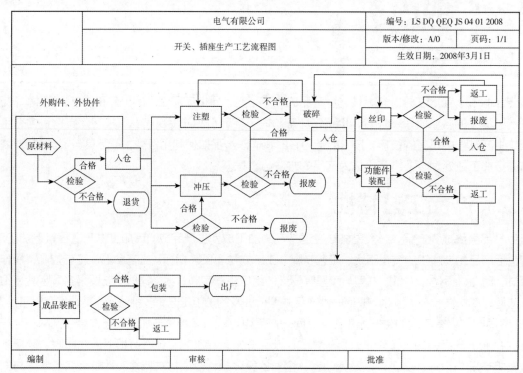

图 1-3　开关生产工艺流程图

1.5 产品设计材料与工艺

产品设计靠材料、工艺来实现，材料和工艺是设计产品的物质基础和条件。产品基本属性形态与功能的实现都是建立在材料和工艺基础上。任何产品设计只有与选用材料的性能特点及其工艺特性相契合，才能实现产品设计的目标与要求。也就是说，产品设计的实现又受材料的属性与工艺特性的制约。

不同材料的属性与工艺决定了产品存在的方式。因此，了解各种材料与工艺并合理运用是产品设计的基础。不同材料的运用，不同的材料表现形式能给予人不同的心理感受。材料和产品形态互为表里，各种产品设计都是借着材料来显露其面貌，然而材料通过设计与工艺生产来表达其特性。缺少材料与工艺，设计活动就无法实现。换句话说，材料与工艺是设计密不可分的统一体。所以在产品设计中，如何使用材料、选用工艺使材料的特性通过工艺与产品功能结合，显得极为重要。

总之，设计、材料与工艺的关系非常紧密，材料是设计的物质基础，工艺是设计的条件。产品设计促进材料与工艺的进一步发展。每一种新材料的发现和应用都会产生不同的成型工艺、加工方法和工艺制作方法，从而带来新的产品、新的结构变化，对产品设计的发展有着极大的推动作用。产品设计与新材料的开发与新工艺的运用仍是相互刺激、相互促进的。未来新材料的出现仍会与产品设计与工艺相呼应，而产品设计也必将继续推动材料的发展与新工艺的运用。对产品、材料与工艺的关系有一个全面的认知，是一名优秀设计师的必备条件。

《第2章》 金属材料及其加工工艺

2.1 金属材料概述

金属材料是产品设计选用的基础材料之一，它是以金属元素或以金属元素为主构成的具有金属特性的材料统称。金属的特性与金属内含有金属键有关，即带负电的自由电子与带正电的金属离子之间产生静电吸力，使金属原子结合在一起，这就是金属键结合的本质，也是衡量金属材料属性的标准。

人类文明的发展和社会进步与金属材料关系十分密切。继石器时代之后出现的铜器时代（也称为青铜器时代）、铁器时代，均以金属材料的应用为其时代的显著标志。人类的农业文明、工业文明就是发现和利用材料——尤其是金属材料。金属材料的历史发展，决定了人类历史发展的进程。人类历史上第一次发现和使用的金属材料就是青铜，青铜时代是以利用青铜材料制成青铜器为标志，代表着人类物质与文化文明发展到一个崭新阶段（也称为青铜文明）。当代，我们仍然对铜材料进行研究、试验和利用，提高其使用性能，从而使其应用更加广泛，更好地造福于人类，其他金属材料的应用也是如此。因此，各种金属材料已成为当今人类社会发展的重要物质基础，影响、丰富及改变我们的生活。这是产品设计师必须了解和掌握金属材料的重要原因。

金属材料通常分为黑色金属、有色金属和特种金属。

黑色金属：是指铁和铁的合金，包括钢、生铁、铁合金、铸铁等。广义的黑色金属还包括锰、铬及其合金。

有色金属：又称为非铁金属。狭义的有色金属通常是指铁、锰、铬三种金属以外的金属。广义的有色金属还包括有色合金。

特种金属：特种金属材料包括不同用途的结构金属材料和功能金属材料。

金属材料相对于非金属材料具有资源丰富、生产技术成熟、产品质量稳定、强度高、塑性和韧性好、耐热、耐寒、耐磨、可锻造、可冲压和焊接，导电性、导热性和铁磁性优异等特点，具有良好的物理性能、化学性能、使用性能，已成为现代科学技术和现代工业研究、开发、应用最重要的材料之一。而对于产品设计师来说，如何正确认识、了解并使用金属材料至关重要。

2.2 金属材料的特性

金属是一种具有光泽（对可见光强烈反射）、富有延展性、容易导电和导热、形态稳定、强度高等属性的材料。金属材料的性能一般分为物理性能、化学性能、使用与工艺性能。

2.2.1 物理性能

1. 基本物理性能

金属材料的物理性能主要有密度、熔点、热膨胀性、导热性、导电性和磁性等。由于产品功能不同，在使用时对其物理性能要求也有所不同。

密度（比重）：指金属单位体积的质量。

熔点：指金属由固态转变成液态时的温度。熔点的高低对金属材料的熔炼、热处理都有直接影响，并与材料的高温性能有很大关系。

热膨胀性：随着温度变化，材料的体积也发生变化（膨胀或收缩）的现象称为热膨胀。

导热性：物质传导热量的性能。

导电性：物体传导电流的能力。

磁性：可吸引铁磁性物体的性质。

金属材料的物理性能对产品的加工工艺也有一定的影响。例如，由于高速钢的导热性较差，锻造时应采用慢火来逐渐加热升温，否则容易产生裂纹。

2. 机械、力学性能

机械性能是指金属材料在外力作用下所表现出来的特性。

产品设计选材时的主要依据是金属材料的机械性能。常用的机械性能包括强度、塑性、硬度、冲击韧性和疲劳强度等。

强度：金属材料在载荷外力的作用下，抵抗过量塑性变形和断裂的能力。

塑性：金属材料在载荷外力的作用下，材料可以承受大的塑性变形而不具有断裂能力。

硬度：材料表面抵抗其他更硬物压力的能力，是衡量金属材料软硬程度的指标。

冲击韧性（韧性）：在高速下对机械部件上的负载称为冲击载荷，金属在冲击载荷作用下抵抗破坏的能力。

冲击吸收功：材料在冲击载荷作用下吸收塑性变形功和断裂功的能力。

疲劳强度：材料抵抗无限次应力循环也不疲劳断裂的强度指标。

2.2.2 化学性能

金属材料的化学性能主要是指在常温或高温时，抵抗各种介质侵蚀的能力，如耐酸性、耐碱性、抗氧化性等。在实际应用中主要考虑金属的抗蚀性、抗氧化性，以及不同金属之间、金属与非金属之间形成的化合物对机械性能的影响等。在金属的化学性能中，特别是抗蚀性对金属的腐蚀疲劳损伤具有极大的影响。

在腐蚀介质中或在高温下工作的产品零件，由于比在空气中或室温下的腐蚀表现得更为强烈，因此在设计这类产品时应特别注意金属材料的化学性能，并采用化学稳定性良好的合金材料。

2.2.3 使用与工艺性能

1. 使用性能

使用性能是指产品在使用过程中，金属材料所表现出来的性能，包括机械性能、物理性能和化学性能等。正是由于金属所体现出的良好的物理与化学性能及机械性能，才使得金属成为产品最重要的结构材料，进而成为产品设计普遍采用的基础材料，尤其是在高分子材料出现之前。

1) 优良的机械及力学性能

金属材料所具有的强度、硬度、塑性、韧性、抗冲击等机械性能的特征，决定了其具有广泛的用途，如应用于交通工具、航空航天、工程机械、机械装备、军工产品、家用产品、建筑、桥梁等几乎包含在所有的制造业、建筑业、基础设施及其他行业之中。

2) 良好的导电、导热性能

一般来说，金属都具有导电性能。但各种金属的导电性各不相同，通常银的导电性最好，其次是铜和金。在这方面，这种性能甚至比其力学、机械性能还重要。我们无法想象如果没有导电材料，世界将是什么样子。我们用导电性能良好的金属铜做电缆、电线，利用铁铬铝合金、镍铬合金等导电性能差的金属做成电阻丝，广泛应用于工业生产与人们的生活中。例如，家用电器中的热水器、吹风机、电热水壶、电熨斗等。再如，铝、铁金属的导热性能良好。

3) 差异很大的化学性能

大多数纯金属化学性能极不稳定，所以在自然界中，绝大多数金属都是以氧化物、化合物的形态存在，少数金属如金、银、铂、铋以游离态存在。提炼后大多数纯金属在自然状态下，抗腐蚀性和抗氧化性较差，这也是为什么许多纯金属除了金、银产品之外都要表面处理的原因，一方面是隔绝空气防止氧化，从而不因为产品结构与外观变化而影响使用。另一方面，正是金属的这种特性，我们合成了各种性质的金属化合物，使它们的化学性能稳定，并创造了许多拥有众多新功能、新结构的合成金属材料，如合金铝、合金钢、镍合金、铜合金等。同时也为产品设计所用材料的选择开辟了广阔空间，所以产品设计师了解金属材料的使用性能是必要的。

2. 工艺性能

工艺性能是指金属材料通过不同的加工方法的制造过程所得到的金属性能，包括铸造性能、锻造性能、焊接性能、切削加工性能和热处理工艺性能。金属材料因种类不同、加工方法不同，所呈现出各自不同的性能，同种类金属材料其工艺性能基本相同。工艺性能直接影响到产品制造工艺和质量，是产品设计中选材和制订工艺路线必须考虑的因素之一。人类早在青铜时代初期就已经掌握了金属的四个重要工艺性能。例如，越王勾践剑，就是经过铸造、锻压、淬火、研磨这四个工艺加工而成的，这把宝剑穿越了两千多年的历史长河，剑身不见丝毫锈斑，依旧寒光闪闪、锋利无比，如图2-1所示。

图2-1　越王勾践剑

1) 铸造性能

金属材料的铸造性能包括流动性、收缩、疏松、成分偏析、吸气性、铸造应力及冷裂纹倾向等。

金属都有熔点，加温到一定温度后使金属变为液态，利用液态流动性，将熔炼好的液态金属浇注到与产品或零件形状相适应的铸造磨具空腔中，冷却后获得产品或零部件的方法称为铸造。流动性好的金属容易填充模具，从而获得外形完整、尺寸精确、清晰的铸件轮廓。另外，金属另一物理现象是热胀冷缩，液态金属冷却后回到固体形态时就会产生收缩，使尺寸变小和变形，甚至出现裂纹缺陷，铸造用金属材料的收缩率越小越好。金属材料铸造过程中能获得良好的使用性能，如铸铁具有良好的流动性和较低的收缩率等铸造性能，普遍用于铸造如汽车发动机（见图2-2）、机床等产品的底座与配重件，也可以铸造室内外桌椅等产品（见图2-3）。因此，利用金属材料的铸造性能，广泛地应用于产品的设计、生产中。

2) 锻造性能

现代锻造是一种利用锻压机械对金属坯料施加压力，使其产生塑性变形以获得具有一定机械性能、一定形状和尺寸的锻件加工方法，也是锻压（锻造与冲压）的两大组成部分之一。锻造后的产品抗变形、抗拉能力好，热处理后产品的韧性极强，人类早在青铜时代就已经掌握了这种锻造技术，而由此产生了一个古老的工种——打铁匠。金属坯料经过锻造反复加热捶打，挤出氧化物及消除金属在冶炼过程中产生的铸态疏松等缺陷，使之产生塑性变形，优化微观组织结构，同时由于保存了完整的金属流线，这一古老技术一直延续至今，仍是金属加工的重要手段。

图 2-2　汽车发动机

图 2-3　庭院桌椅

3) 焊接性能

焊接性能是指通过高温加热（达到金属熔化的温度）、加压或两者并用的方法处理金属材料，待金属冷却凝固后产生接合，使两个或两个以上的金属材料连接在一起的特性。焊接的形式主要有钎焊、电弧焊、电阻焊、激光焊和电子束焊等。具有良好焊接性能的金属材料，通过各种既普通又简便的焊接工艺方法，使金属材料达到各种不同使用价值的目的，用来满足人们生产和生活的需要。

焊接性能包括以下两方面的内容。

接合性能：当某种材料在焊接过程中经历物理、化学和冶金作用而形成没有焊接缺陷的焊接接头时，这种材料就被认为具有良好的接合性能。

使用性能：在承受静载荷、冲击载荷和疲劳载荷等方面，焊接接头承受载荷的能力，以及焊接接头的抗低温性能、高温性能和抗氧化、抗腐蚀性能等。

金属材料焊接技术的历史只有一百多年，但对于金属材料的应用意义重大。它能使船舶吨位更大、更结实、更安全，使桥梁更长、更能负载，使产品能获得更多的结构与外形形态。

4) 切削加工性能

切削加工金属材料的难易程度称为切削加工性能。它与金属材料的化学成分、力学性能、导热性能及加工硬化程度等诸多因素有关，金属材料一般具有切削加工性能良好的特性。铸铁比钢切削加工性能好，一般碳钢比高合金钢切削加工性能好。通常以切削时的切削抗力、刀具的使用寿命、切削后的表面粗糙度及断屑情况四个指标来综合评定金属材料的切削加工性能。

按工艺特点，切削加工一般可分为：车削、铣削、钻削、镗削、铰削、刨削、插削、拉削、锯切、磨削、珩磨、刮削、锉削、抛光等，如图 2-4 所示。

图 2-4　车工及车削机床

5) 热处理工艺性能

热处理工艺主要是指金属或合金在固态状态下，通过一定介质、一定时间加热到一定温度，以一定速度浸入冷却剂（油、水等）中冷却下来的一种综合工艺过程（淬火过程），冷却后金属所体现的性能即为金属的热处理工艺性能。通过热处理工艺性能可以使金属的力学性能得到显著提高，延长金属的使用寿命；能消除铸、锻、焊等加工工艺过程造成的各种不足；改善金属后期的加工性能；使金属表面更具有抗磨、耐腐等特殊的化学与物理功能。

金属热处理工艺大体可分为整体热处理（对整个工件进行热处理）、表面热处理（对表面或对产品某部分进行热处理）和化学热处理（对工件经过渗碳、渗氮、渗硼）三大工艺进行的处理。金属热处理工艺根据加热介质、加热温度和冷却方法的不同，每一大类又可区分为若干不同的热处理工艺方法。同一种金属采用不同的热处理工艺，例如，把钢加热到一个特定温度并适当保温后，采用正火、退火、回火（空气中冷却是正火，适宜的速度冷却是退火，淬火后再加热到某一温度冷却就称为回火）工艺，可使金属获得不同的加工性能。

热处理工艺在现代产品制造业中得到广泛的应用，如通过热处理工艺淬火的金属厨具与餐具、手动与机械工具、刀具与刃具等产品，其优势为更加坚韧、耐磨、耐腐、耐用。工业产品中许多重要零部件都必须经过热处理，如交通工具产品、航空航天产品、机械装备产品、武器装备产品、民用产品等，其中应用的钢件几乎都经过热处理。

综上所述，使产品设计师了解并掌握，金属材料的特性及其在使用过程中各种金属材料的工艺加工性能，以便在实际设计工作中加以正确运用。

2.3 金属材料的种类

前面已经讲过金属材料可分为三大类，即黑色金属、有色金属和特种金属。

2.3.1 黑色金属

黑色金属材料为工业上对铁、锰和铬三种金属和其合金的统称。与黑色金属相对应的是有色金属。很多人经常误以为黑色金属一定是黑的，其实不然，纯铁是银白色的、锰是灰白色的、铬是银白色的。在现实生活中，铁的表面经常会生锈，覆盖着一层黑色的四氧化三铁与棕褐色的氧化铁的混合物，看上去就是黑色的，所以称为"黑色金属"。常说的"黑色冶金工业"，主要是指钢铁工业。锰和铬最常见的是以合金钢即锰钢和铬钢的形式存在着，所以人们将锰与铬视为"黑色金属"。

黑色金属的分类也有其意义，因为这三种金属都是冶炼钢铁的主要原料，而钢铁在国民经济中占有非常重要的地位，其年产量的多少是衡量一个国家国力的重要标志。黑色金属的产量约占世界金属总产量的95%，因而既是最重要的结构材料和功能材料，也是工业产品上应用最广和首选的材料。

1. 铸铁

铸铁是指含碳量在2%以上的铁碳合金。工业用铸铁一般含碳量为2.5%～3.5%。碳在铸铁中多以石墨形态存在，有时也以渗碳体形态存在。除碳之外，铸铁中还含有1%～3%的硅，以及锰、磷、硫等元素。合金铸铁还含有镍、铬、钼、铝、铜、硼、钒等元素，如图2-5所示。

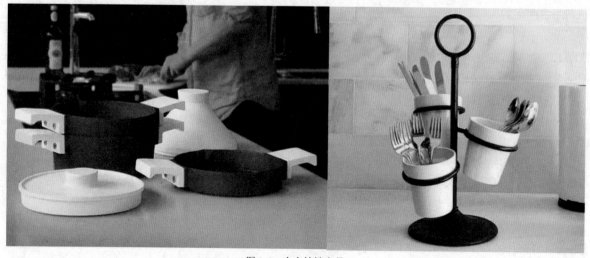

图2-5 合金铸铁产品

铸铁有如此广泛用途的原因，主要是因为其良好的流动性，以及它易于浇注成各种复杂形态，且具有成本低廉、铸造性能和使用性能高的特点。

铸铁中的碳是以石墨和渗碳体两种形态存在的。碳的含量越高，一方面就越容易提高浇铸过程中的流动性；另一方面还可以提高铸铁的耐磨性和硬度，如矿山用的碎石机，就是利用含碳量高、耐磨且硬度高的铸铁粉碎矿石等。

例如，下水道盖子具有优良的耐磨性是由于碳以石墨形式存在于铸铁中，运用砂模浇注材料的工艺适应于批量生产。铸铁在空气中存放，通常表面会产生一层锈迹，这是因为空气中的氧离子和铸铁中的铁离子发生化合反应生成的结果，而只是表现在铸铁的最表层，所以通常在使用中都会被打磨掉。既然如此，铸铁也还是有特殊措施防止生锈的，即在铸件表面涂上一层沥青或防锈漆，使沥青或防锈漆渗透到铸铁表面的孔隙中从而起到防锈作用。

现如今许多设计师将生产砂模浇注材料的传统工艺运用到其他更新更有趣的产品领域中，更好地造福于人类。

1) 材料特性

铸铁具有良好的流动性和耐磨性、低成本、低凝固收缩率、高压缩强度、良好的机械加工性。含碳量较高的铸铁有质脆、不能锻压等特性。

2) 典型用途

铸铁是现代机械产品制造业重要和常用的结构材料，也广泛应用于建筑、桥梁、工程部件、家居暖气散热片、公共与庭院家具、农机具，以及厨房用具、产品底座等。

3) 铸铁的分类

铸铁按断口颜色可分为灰口铸铁、白口铸铁和麻口铸铁。

灰口铸铁：含碳量较高，碳主要以自由状态的片状石墨形态存在，断口呈暗灰色，简称灰铁。熔点低，凝固时收缩量小，抗压强度和硬度接近碳素钢，减震性好。由于片状石墨存在，故耐磨性好。铸造性能和切削加工较好，制造成本低，机械性能优良，在工业产品中得到广泛的应用。但韧性较差，属于脆性材料，不能进行拉伸、折弯、冲剪等塑性加工。灰口铸铁常加有铬合金，以提高机械性能。但在强度增加的同时，也导致切削加工性降低。由于在各截面上性能比较均匀，因此灰口铸铁常用于制造要求高，但截面不能较厚的铸件。

白口铸铁：是组织中完全没有或几乎没有石墨的一种铁碳合金，其断口呈白亮色，硬而脆，不能进行切削加工，凝固时收缩大，易产生缩孔、裂纹，很少在工业上直接用来制作机械零件。由于其具有很高的表面硬度和耐磨性，又称为激冷铸铁或冷硬铸铁。

麻口铸铁：是介于白口铸铁和灰口铸铁之间的一种铸铁，其断口呈灰白相间的麻点状，性能不好，极少应用。

铸铁按化学成分可分为普通铸铁和合金铸铁。合金铸铁还含有镍、铬、钼、铝、铜、硼、钒等元素。

铸铁按生产方法和组织性能可分为普通灰铸铁、孕育灰铸铁、可锻灰铸铁、球墨铸铁、蠕墨铸铁和特殊性能铸铁。

普通灰铸铁：这种铸铁中的碳大部分或全部以自由状态的片状石墨形式存在，其断口呈暗灰色，有一定的力学性能和良好的被切削性能，普遍应用于工业中。

孕育灰铸铁：这是在灰铸铁的基础上，采用"变质处理"而成，又称为变质铸铁，其强度、塑性和韧性均比一般灰铸铁好得多，组织也较均匀，主要用于制造力学性能要求较高，而截面尺寸变化较大的大型铸件。

可锻灰铸铁：是由一定成分的白口铸铁经石墨化退火而成，石墨呈团絮状分布，其组织性能均匀，耐磨损，有良好的塑性和韧性。比灰铸铁具有较高的韧性，又称为韧性铸铁。用于制造形状复杂、能承受强动载荷的零件。它不可以锻造，常用来制造承受冲击载荷的铸件。可锻灰铸铁主要应用于汽车后桥桥壳、转向机构、低压阀、管接头等受冲击和震动的零部件。

球墨铸铁：将灰口铸铁铁水经球化处理后获得，析出的石墨呈球状，简称球铁。碳全部或大部分以自由状态的球状石墨存在，断口呈银灰色。它和钢相比，除塑性、韧性稍低外，其他性能均接近，是兼有钢和铸铁优点的优质材料，在产品设计上应用于动力机械曲轴、凸轮轴、连接轴、连杆、齿轮、离合器片、液压缸体及自来水管道等零部件。

蠕墨铸铁：将灰口铸铁铁水经蠕化处理后获得，析出的石墨呈蠕虫状。力学性能与球墨铸铁相近，铸造性能介于灰口铸铁与球墨铸铁之间，用于制造汽车的零部件。蠕墨铸铁对冷却速度的敏感性比灰铸铁小得多，且具有良好的导热性，所以经常用来制造工作环境温度苛刻、温度梯度比较大的零件。由于蠕墨铸铁材料强度较高，致密性好，对于缺口的敏感性小，具有良好的工艺性能，可以用来制造几何形状复杂的大型产品。

特殊性能铸铁：这是一种有某些特性的铸铁，根据用途的不同，可分为耐磨铸铁、耐热铸铁、耐蚀铸铁等。大都属于合金铸铁，在产品制造上应用较广泛。

2. 钢

钢，是对含碳量介于 0.02% ~ 2.11% 之间的铁碳合金的统称。只含碳元素的钢称为碳素钢（碳钢）或普通钢，碳素钢是近代工业中使用最早、用量最大的基本材料。世界各工业国家，在努力增加低合金高强度钢和合金钢产量的同时，也非常注意改进碳素钢质量，扩大品种和使用范围。

碳素钢的性能主要取决于含碳量。含碳量增加，钢的强度、硬度升高，塑性、韧性和可焊性降低。与其他钢类相比，碳素钢使用最早，成本低、性能范围宽、用量最大。几乎任何产品制造业都离不开它，也包括建筑、基础设施建设等各个领域。

1）按化学成分分类

碳素钢按化学成分（以含碳量）可分为低碳钢、中碳钢和高碳钢。

（1）低碳钢（含碳量 0.25% 以下）

低碳钢又称为软钢，具有低强度、高塑性、高韧性，易于接受各种加工如锻造、焊接和切削，适合制造形状复杂和需焊接的零件和构件。

（2）中碳钢（含碳量 0.25% ~ 0.60%）

除碳之外，还可含有少量锰。热加工及切削性能良好，焊接性能较差。强度、硬度比低碳钢高，而塑性和韧性低于低碳钢。然而经热处理后而具有良好的综合力学性能，多用于制造要求韧性的齿轮、轴承等机械零件。

（3）高碳钢（含碳量 0.60% 以上）

高碳钢常称工具钢，可以淬硬和回火。高碳钢在经过适当热处理或冷拔硬化后，具有很高的强度和硬度，切削性能尚可，是专门用于制作工具、刃具、弹簧及耐磨产品的钢，如图 2-6 所示。

2）按钢的品质分类

按钢的品质可分为普通碳素钢和优质碳素钢。

3）按用途分类

按用途可分为碳素结构钢和碳素工具钢。

碳素结构钢用途很多，用量很大，主要用于铁道、桥梁、各类建筑工程，制造承受静载荷的各种金属构件及不重要、不需要热处理的机械零件和一般焊接件。

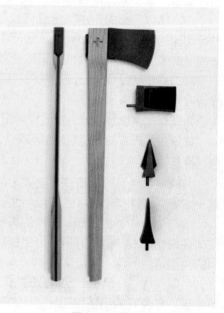

图 2-6　工具钢

碳素工具钢经热处理后可获得高硬度和高耐磨性，主要用于制造各种工具、刀具、模具和量具产品。

碳素钢由于价格便宜，加工制造方便，是金属产品设计中广泛使用的材料，由于耐腐蚀性较差，极易在空气中生锈，因此碳素钢产品一般都要对表面进行防腐处理，如涂饰、电镀、表面改性等。

3. 合金钢

合金钢是为了提高钢的整体机械性能和工艺性能，或者为了获得一些特殊的性能，以碳钢为基础，有目的地添加一定含量金属元素而得到的钢种。根据添加元素不同，采取适当的加工工艺，可获得具有高强度、高韧性、耐磨、耐腐蚀、耐低温、耐高温、无磁性等特殊性能的合金钢。合金钢常用于制造承受复杂交变应力、冲击载荷或在摩擦条件下工作的工件，以及高温、腐蚀环境中的产品等。

按合金元素的含量分为低合金钢、中合金钢和高合金钢。

按合金元素的种类分为铬钢、锰钢、铬锰钢、铬镍钢、铬镍钼钢、硅锰钼钒钢等。

按主要用途分为结构钢、工具钢和特殊性能钢，其中结构钢里又包括建筑及工程用结构钢和机械制造用结构钢。

4. 不锈钢

1) 历史起源

毕业于英国谢菲尔德大学的著名冶金科学家亨利·布雷尔利于 20 世纪初期发明了不锈钢。不锈钢的发明和使用，要追溯到第一次世界大战时期。亨利·布雷尔利受英国政府军部兵工厂委托，研究武器的改进工作。那时，士兵用的步枪枪膛极易磨损，亨利·布雷尔利想发明一种不易磨损的合金钢，他发明的不锈钢于 1916 年取得英国专利权并开始大量生产，他也因此被誉为"不锈钢之父"。

Cr(铬)是不锈钢中的主要合金元素，富铬氧化物紧密黏附在钢的表面起到了保护作用，防止进一步氧化。由于这层极薄的氧化层，透过它可以看到钢的表面的自然光泽，使不锈钢具有独特的表面，如图 2-7 所示。

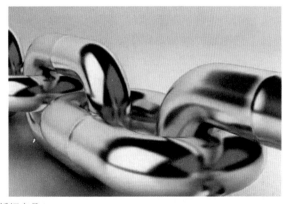

图 2-7　不锈钢产品

从不锈钢消费的行业构成来看，汽车工业是当前发展最快的不锈钢应用领域，中国家电行业是不锈钢应用潜在的大市场。此外，不锈钢在工业、建筑与结构业、环保工业、工业设施中的需求也将逐年上升。不锈钢不仅耐腐蚀性强，而且可以通过切削加工成型，可以进行拉伸、折弯、锻打等塑性加工成型，也可以焊接成型，制成具有强烈金属光泽且美观大方的产品，因而深受产品设计师的青睐，如图 2-8 所示。

在建筑装饰方面，目前不锈钢主要应用在高层建筑的外墙、室内及外柱的包覆，扶手、地板、电梯壁板、门窗、幕墙等内外装饰及构件。经表面处理、着色、镀层的不锈钢板，解决了触摸后易出现手印等问题，使不锈钢的应用范围进一步扩大。

在家电业，不锈钢用量大的是自动洗衣机内筒、热水器内胆、微波炉内外壳体、冰箱内衬，且多采用铁素体不锈钢。

2) 主要特性

一般特性如下。

- 表面美观及使用可能性多样化。
- 耐腐蚀性能好，比普通钢长久耐用。
- 强度高，因而薄板使用量大。
- 耐高温氧化及强度高，因此能够抗火灾。
- 常温加工，即容易塑性加工。
- 因为不必表面处理，所以简便、维护简单。
- 清洁，光洁度高。
- 焊接性能好。

3) 主要分类

不锈钢按组织状态分为铁素体不锈钢、奥氏体不锈钢、奥氏体－铁素体（双相）不锈钢、马氏体不锈钢及沉淀硬化不锈钢等；按成分可分为铬不锈钢、铬镍不锈钢和铬锰氮不锈钢等。

图 2-8　不锈钢厨具

铁素体不锈钢：铬含量在 11% ～ 30% 之间，其耐蚀性、抗氧化性、韧性和可焊性随含铬量的增加而提高，抗应力性能优良，耐氯化物应力腐蚀性能优于其他种类不锈钢，而且其还具有较好的导热性能和极小的膨胀系数。但机械性能与工艺性能较差，多用于受力不大的耐酸结构及做抗氧化钢使用。

奥氏体不锈钢：含有 18% 的铬和 8% 左右的镍。综合性能好，可耐多种介质腐蚀，并具有良好的塑性、韧性、焊接性、耐蚀性和无磁或弱磁性，主要应用于家居用品、工业管道及建筑结构中，还可用作不锈钢钟表饰品的主体材料，如图 2-9 所示。

奥氏体－铁素体（双相）不锈钢：兼有奥氏体和铁素体不锈钢的优点，与铁素体不锈钢相比较，其塑性更好、韧性更高；与奥氏体不锈钢相比较，其导热性能更好，膨胀系数更小。

马氏体不锈钢：属于可硬化不锈钢材料，该种不锈钢材料的最大特点是可以通过热处理改变该种不锈钢材料的力学性能。目前，该种不锈钢主要用于蒸汽轮机叶片、外科手术器械等产品的加工制作中。

沉淀硬化不锈钢：基体为奥氏体或马氏体组织，通过沉淀硬化（又称为时效硬化）处理使其硬（强）化的不锈钢。这种钢有很好的成形性能和良好的焊接性，可作为超高强度的材料在核工业、航空航天工业中得到应用。

图 2-9　不锈钢餐具

2.3.2　有色金属及其合金

有色金属，狭义的有色金属又称为非铁金属，是铁、锰、铬以外的所有金属的统称。广义的有色金属还包括有色合金。有色合金是以一种有色金属为基体 (通常大于 50%)，通过添加一种或几种其他元素而构成的合金。

1. 有色金属分类

重金属：一般密度在 4.5g/cm³ 以上，如铜、铅、锌、铁等。

轻金属：密度小 (0.53 ~ 4.5g/cm³)，化学性质活泼，如铝、镁等。

贵金属：地壳中含量少，提取困难，价格较高，密度大，化学性质稳定，如金、银、铂等。

稀有金属：如钨、钼、锗、锂、镧、铀等稀有金属。

2. 常用有色合金

有色合金的强度和硬度一般比纯金属高，电阻比纯金属大、电阻温度系数小，具有良好的综合机械性能。常用的有色合金有铝合金、铜合金、镁合金、锡合金、钛合金、锌合金等。

1) 铝合金

以铝为基本元素的合金总称，是三大轻质合金的一种，主要合金属元素有铜、硅、镁、锌、锰等。铝合金是工业中应用最广泛的一类有色金属结构材料，在航空航天、汽车及机械制造、船舶制造及化学工业产品中已大量应用。

(1) 物质特性

纯铝的强度很低，所以不适合做结构材料。铝合金密度低，但强度比较高，接近或超过优质钢，塑性好、重量轻。可加工成各种型材，具有良好的导电性、导热性和抗蚀性，工业上广泛使用，使用量仅次于钢。它在全世界的产量仅次于钢铁，占第二位，而在有色金属中则为第一位。一些铝合金可以采用热处理获得良好的机械性能、物理性能和抗腐蚀性能，如图 2-10 所示。

图 2-10　铝合金

(2) 铝合金的分类

铝合金按加工方法可以分为形变铝合金和铸造铝合金两大类。

形变铝合金能承受压力加工，可加工成各种形态、规格的铝合金材料，主要用于制造航空器材、建筑用门窗等。形变铝合金又分为不可热处理强化型铝合金和可热处理强化型铝合金。不可热处理强化型铝合金不能通过热处理来提高机械性能，只能通过冷加工变形来实现强化，主要包括高纯铝、工业高纯铝、工业纯铝及防锈铝等。可热处理强化型铝合金可以通过淬火和时效等热处理手段来提高机械性能，可分为硬铝、锻铝、超硬铝和特殊铝合金等。

铸造铝合金按化学成分可分为铝硅合金、铝铜合金、铝镁合金、铝锌合金和铝稀土合金。其中，铝硅合金又有过共晶硅合金、共晶硅铝合金、单共晶硅铝合金，铸造铝合金在铸态下使用。

(3) 应用实例

为突出产品的质感，铝合金常被用于现在的产品设计中，如图 2-11 所示。

图 2-11　香薰

各种飞机都以铝合金作为主要结构材料。飞机上的蒙皮、梁、肋、桁条、隔框和起落架都可以用铝合金制造。飞机根据用途的不同，铝的用量也不一样。着重于经济效益的民用机因铝合金价格便宜而大量采用，如波音 767 客机采用的铝合金约占机体结构重量的 81%，如图 2-12 所示。各种人造地球卫星和空间探测器的主要结构材料也都是铝合金。

图 2-12　波音 767 客机

铝合金能够打造更为轻薄、坚固的产品，而且外观和饰面花样繁多。交通工具骨架、飞行器零部件、厨房用具、包装及部分家具都以铝合金为主要材料。

汽车轻量化的途径之一便是在车身制造上采用轻质材料，这种轻质材料常用的为铝合金。铝合金材料之所以在交通运输业上的发展空间大，是因为汽车车身约占汽车总质量的 30%，对汽车本身来说，约 70% 的油耗使用在车身质量上，所以汽车车身铝化对减轻汽车重量，提高整车燃料经济性至关重要。而且，铝合金是最常见的轻金属，在汽车上使用较早，相对比较成熟。1994 年开发了第一代 Audi A8 全铝空间框架结构 (ASF)，ASF 车身超过了现代轿车钢板车身的强度和安全水平，但汽车自身重量减轻了大约 40%。铝合金材料为全球汽车制造商提供品种繁多、性能优异的汽车部件，包括奥迪第二代 ASF 框架结构、宝马 5 和 7 系列的铝制悬架、日产 Altima 的发动机罩和轮毂、法拉利 612-Scaglietti 的全铝车体结构和捷豹 XJ 采用的真空压铸技术。汽车上广泛应用的铝制轮毂就是铝合金在汽车上应用的一个例子，铝制的产品使这些车型向着更轻量化、技术化的方向发展，铝合金材料在现代汽车轻量化上已经显示出非常重要的作用，如图 2-13 所示。

运动自行车普遍采用铝合金材料，所用的铝合金分为 6000 系和 7000 系铝合金，分别在纯铝里添加 Si、Mg、Zn 和 Cu，经过热处理（铝耐高温，在高温下能改变性质）可以制成各种各样的材料。6000 系铝合金被认为是耐腐蚀、强度好、焊接性也好的材料；7000 系铝合金是铝合金中最强的材料。尤其是 7075 是超硬铝（制造飞机的材料），但它的焊接难度大、耐腐蚀性差（会发白）等，所以 7075 一般只是用 CNC（数控机床）方式来制造自行车的立管、齿轮等需要高强度的零件，如图 2-14 所示。

图 2-13　奥迪第二代 ASF 框架结构

图 2-14　运动自行车

另外，铝合金也是设计师们的最爱，因为它能彰显时代性，更为坚固，同时也具有真实、自然的触感，如图 2-15 和图 2-16 所示。

图 2-15　铝合金产品

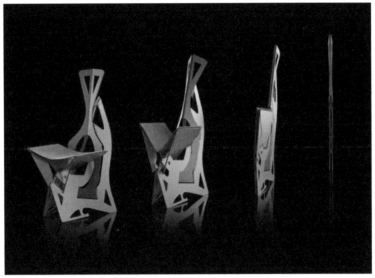

图 2-16　铝合金创意设计

2) 铜合金

铜合金是以铜为主的合金，具有良好的抗腐蚀性和完美的导电导热性，易加工，与其他金属可以很好地混合制成各类合金，可以很好地进行表面处理，又可回收利用。最广为人知的类型是青铜（铜是主要的，锡是次要的）和黄铜（铜是主要的，锌是次要的）。"青铜"和"黄铜"是不准确的术语，所以现在特别是博物馆中以青铜材料制成的文物统称为"铜合金"文物。

(1) 分类方法

铜合金的分类方法有如下三种。

① 按合金

按合金系划分，可分为非合金铜和合金铜。习惯上，人们将非合金铜称为紫铜或纯铜，也称红铜，而其他铜合金则属于合金铜。

② 按功能

按功能划分，有导电导热用铜合金、结构用铜合金、耐蚀铜合金、耐磨铜合金、易切削铜合金、弹性铜合金、阻尼铜合金和艺术铜合金。

③ 材料形成方法

按材料形成方法划分，可分为铸造铜合金和变形铜合金。

(2) 主要种类

① 白铜

白铜是以镍为主要添加元素的铜合金。铜镍二元合金称为普通白铜，加有锰、铁、锌、铝等元素的白铜合金称为复杂白铜。工业用白铜分为结构白铜和电工白铜两大类。结构白铜的特点是机械性能和耐蚀性好，色泽美观，这种白铜广泛用于制造精密机械、眼镜配件、化工机械和船舶构件。电工白铜一般有良好的热电性能。

② 黄铜

黄铜是由铜和锌所组成的合金，具有美观的黄色，统称黄铜。根据黄铜中所含合金元素种类的不同，黄铜分为普通黄铜和特殊黄铜两种。

如果只是由铜、锌组成的黄铜就叫作普通黄铜。黄铜常被用于制造阀门、水管、空调内外机连接管和散热器等。

如果是由两种以上的元素组成的多种合金就称为特殊黄铜。特殊黄铜又称特种黄铜，强度高、硬度大、耐化学腐蚀性强，并具有较为突出的切削加工的机械性能，还有较强的耐磨性能，如图 2-17 所示。

图 2-17　黄铜产品

③ 青铜

青铜是我国使用最早的合金，至今已有三千多年的历史。其铸造性好、耐磨且化学性质稳定。

青铜原指铜锡合金，后除黄铜、白铜以外的铜合金均称青铜。锡青铜具有良好的铸造性能、减摩性能和机械性能，适合于制造轴承、蜗轮、齿轮、机械零件等，如图 2-18 所示。

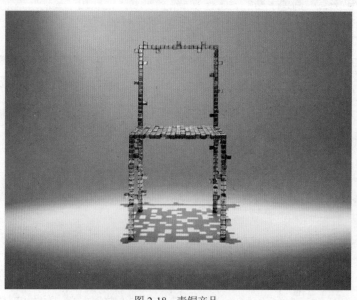

图 2-18　青铜产品

④ 纯铜

纯铜呈紫红色，又称为紫铜和红铜。其组织细密，含氧量极低，无气孔、沙眼、疏松，导电性能极佳，又具有优良的导热性、延展性、耐蚀性和极好的可塑性，易于热压和冷压力加工，主要用于制作电线、电缆、开关装置、变压器等电工电子器材和热交换器等导热器材。如今产品设计师将红铜运用到门、窗、扶手等家具及装饰上也是现代流行的一种时尚，如图 2-19 所示。

图 2-19　红铜产品

铜之所以如此长时间地被人类所使用，仅靠颜色肯定是不现实的，主要的原因还是因为它是一种纯粹的原料，可以和其他金属混合而变成不同的铜合金，从而发挥不同的特性。作为产品设计师应努力发掘铜合金不同的特性来满足生产生活中的不同使用要求。

(3) 加工工艺

因为铜熔化后本身的低黏稠度的属性，所以它是理想的铸造材料，这也使得它可以被加工成复杂的形状及充满细节感的产品。它常被使用的铸造方式包括砂型铸造及拉模铸造，如图 2-20 所示。

3) 镁合金

(1) 物质特性

镁合金是以镁为基础加入其他元素组成的合金，可以用来做超薄美学设计。其特点是：密度小，比强度高，比弹性模量大，散热好，消震性好，承受冲击载荷能力比铝合金大，耐有机物和碱的腐蚀性能好。目前使用最广的是镁铝合金，其次是镁锰合金和镁锌锆合金，主要用于航空、航天、运输、化工等领域。它是实用金属中最轻的金属，但高强度、高刚性。镁合金是三大轻质合金的一种（其余两种是铝合金和钛合金）。另外，还具有良好的电磁屏蔽性能，防辐射性能，可做到 100% 回收再利用，如图 2-21 所示。

图 2-20　铜文具产品

图 2-21　镁合金产品

(2) 应用实例

近年来，国家对改善汽车燃油经济指标提出了更高的要求，而减轻汽车重量一直是实现这一目标的最有效手段。以轻质、可再循环和良好铸造性能为主要特点的镁合金，正是满足这一要求的理想结构材料。镁合金广泛用于携带式的器械和汽车行业中，达到轻量化的目的。

在笔记本电脑上，银白色的镁铝合金外壳可使产品更豪华、美观，而且易于上色，可以通过表面处理工艺变成个性化的粉蓝色和粉红色等各种颜色。缺点是，镁铝合金并不是很坚固耐磨，成本较高，比较昂贵，如图 2-22 所示。

在数码单反相机上，一般中高端及专业数码单反相机都采取镁合金做骨架，使其坚固耐用，手感好。

图 2-22　镁铝合金笔记本电脑外壳

由于镁合金的导热系数较高，因此，镁合金也可用于电器产品上，可有效地将其内部的热量散发到外面。在内部产生高温的计算机和投影仪等的外壳和散热部件上及电视机的外壳上，使用镁合金可做到无散热孔。

4) 锡合金

(1) 物质特性

锡合金是以锡为基础加入其他合金元素组成的有色合金。加入的主要合金元素有铅、锑、铜等。锡合金熔点低，强度和硬度均低，它有较高的导热性和较低的热膨胀系数，耐大气腐蚀，有优良的减摩性能，易于与钢、铜、铝及其合金等材料焊合，是很好的焊料，也是很好的轴承材料。

(2) 主要分类

常用的锡合金按用途分为如下几种。

锡基轴承合金：其摩擦系数小，有良好的韧性、导热性和耐蚀性，主要用于制造滑动轴承。

锡焊料：以锡铅合金为主，有的锡焊料还含少量的锑。

锡合金涂层：利用锡合金的抗蚀性能，将其涂敷于各种电气元件表面，既具有保护性，又具有装饰性。

锡合金：可以用来生产制作各种精美合金饰品、合金工艺品，如戒指、项链、手镯、耳环、胸针等。

(3) 应用实例

此锡合金三足双耳炉，其口径 8cm，高 7cm，平口，两侧置冲天耳，炉腹圆鼓，下承三足。整炉看起来造型大方，纹饰雅致，流畅线条，古韵蕴藉，看得出是一件极富文化背景的香炉，如图 2-23 所示。

设计师 Max Lamb 2006 年在英国 Cornwall 的沙滩，采用砂铸（最早的一种铸造方式）的加工工艺制作了这把由锡合金铸造的锡铸凳，这件设计的创新不局限于其作为一件好的设计品这么简单，而是在于其独特的设计概念和从想法到设计实物的转化，如图 2-24 和图 2-25 所示。

图 2-23　三足双耳炉

图 2-24　锡铸凳

图 2-25 锡铸凳制作过程

设计师采用三腿的设计，即使凳腿在铸造时，在长短不一的情况下仍然可以稳定站立。

5) 钛合金

钛是 20 世纪 50 年代发展起来的一种重要的结构金属，钛合金因具有质地非常轻盈、强度高、耐蚀性好、耐热性高等特点而被广泛用于各个领域。地壳中金属含量钛排第七，但是从其氧化物中提出钛难度高。钛合金主要用于飞机发动机、压气机等部件的制造，也成为制造火箭、导弹和高速飞机的结构件等，如图 2-26 所示。

图 2-26 钛合金

(1) 物质性能

① 强度高

钛合金的比强度 (强度 / 密度) 远大于其他金属结构材料，可制作出单位强度高、刚性好、质轻的零部件。飞机的发动机构件、骨架、蒙皮、紧固件及起落架等都使用钛合金。

② 热强度高

使用温度比铝合金高几百度，在中等温度下仍能保持所要求的强度，钛合金的工作温度可达 500℃。

③ 抗蚀性好

钛合金在潮湿的大气和海水介质中工作，其抗蚀性远优于不锈钢。

④ 低温性能好

钛合金在低温和超低温下，仍能保持其力学性能，钛合金也是一种重要的低温结构材料。

⑤ 化学活性大

钛与大气中的氧、氮、一氧化碳、二氧化碳、水蒸气、氨气等产生强烈的化学反应，钛的化学亲和性大，易于摩擦表面产生黏附现象。

钛或钛合金表面氧化可以形成很多漂亮的颜色，如图 2-27 所示的理发剪刀。

(2) 应用实例

钛合金是制作火箭发动机的壳体及人造卫星、宇宙飞船的好材料，有"太空金属"之称。

典型用途：高尔夫球杆、网球拍、便携式电脑、照

图 2-27 钛合金表面氧化

相机、行李箱、外科手术植入物、飞行器骨架、化学用具及海事装备等。

美国洛克希德公司研制生产的SR-71侦察机的机身大部分都是钛合金，为了降低成本，他们使用的是可在较低温度软化而较易加工的钛合金，在制造完成的飞机上会涂上暗蓝色（趋近黑色），以减少热辐射等对机身的影响，同时也可以起到对飞机的伪装效果，如图2-28所示。钛及钛合金在汽车上的应用——发动机连杆，如图2-29所示。

图2-28　SR-71侦察机

这款价值400美元的鼠标由钛合金、高性能树脂做成，并配有钕磁铁滚轮，如图2-30所示。

图2-29　发动机连杆

图2-30　钛合金鼠标

2.4　金属加工工艺

金属材料的工艺特性——成型加工。大多数金属材料都具有良好的成型工艺，可以将金属材料熔化，然后将其浇铸到模型中，冷却后得到所需要的产品。具有塑性特性的金属材料既可以进行塑性加工（锻压、冲压等），也可以通过切削加工，获得所需要的各种形状和尺寸的产品。

2.4.1　铸造

铸造是人类掌握比较早的一种金属热加工工艺，已有约6000年的历史。铸造是将液体金属浇铸到与零件形状相适应的铸造空腔中，待其冷却凝固后，获得具有一定形状、尺寸和性能的金属零件毛坯的加工方式。铸造是生产金属零件毛坯的主要工艺方法之一，与其他工艺方法相比，铸造成型生产成本低，工艺灵活性大，适应性强，适合生产不同材料、形状和重量的铸件，并适合于批量生产。但它的缺点是公差较大，容易产生内部缺陷。铸件按铸型所用的浇注方式分为砂型铸造、熔模铸造、金属型铸造、压力铸造及离心铸造等。应用最为普遍的是砂型铸造，除此以外，其他铸造都称作特种铸造。

常用的铸造材料有铸铁、铸钢、铸铝、铸铜等，通常根据不同的使用目的、使用寿命和成本等方面来选用铸件材料。

中国商朝的重875kg的后母戊方鼎，战国时期的曾侯乙尊盘，西汉的透光镜，都是古代铸造的代表产品。早期的铸件大多是农业生产、宗教、生活等方面的工具或用具，艺术色彩浓厚。那时的铸造工艺是与制陶工艺并行发展的，受陶器的影响很大。

1. 砂型铸造

用砂粒砂型进行铸造的方法为砂型铸造，又称为砂铸、翻砂。制造砂型的基本原材料是铸造砂和型砂黏结剂。为使制成的砂型和型芯具有一定的强度，在搬运、合型及浇注液态金属时不致变形或损坏，一般要在铸造中加入型砂黏结剂，将松散的砂粒黏结起来成为型砂。在砂型铸造中应用最广的型砂黏结剂是黏土，也可采用各种干性油或半干性油、水溶性硅酸盐或磷酸盐及各种合成树脂做型砂黏结剂。为了获得健全的铸件，减少制造铸型的工作量，降低铸件成本，必须合理地制订铸造工艺方案，并绘制出铸造工艺图。

砂型铸造这种加工工艺已沿用几个世纪，经常用来制造大型部件。其中主要步骤包括制图、模具、制芯、造型、熔化及浇注、清洁等。

砂型铸造的破碎机耐磨件在国内还是非常普遍的，因为在破碎机设备中，作为一种比较大的耐磨铸件，相对来说精度的要求不是很高，若要获得精度较高和表面质量好的产品，还需要再进一步切削、磨削等后续加工。

1) 优点

- 黏土资源丰富、价格便宜。使用过的黏土湿砂经适当的砂处理后，绝大部分均可回收再用。
- 制造铸型的周期短、工效高。
- 混合好的型砂可使用的时间长。
- 适应性很广。小件和大件，简单件和复杂件，单件和大批量都可采用。

2) 缺点及局限性

- 因为每个砂质铸型只能浇注一次，获得铸件后铸型即损坏，必须重新造型，所以砂型铸造的生产效率较低。
- 铸型的刚度不高，铸件的尺寸精度较差。
- 铸件易于产生冲砂、夹砂、气孔等缺陷。

3) 应用

砂型铸造具有的成本低、周期短、工效高等特性决定了它的应用非常广泛，如汽车的发动机汽缸体、汽缸盖、曲轴等产品都是砂铸成型后经过进一步加工而成的。

2. 熔模铸造

用蜡料做模样时，熔模铸造又称为失蜡铸造，为精密铸造方法之一，也是常用的铸造方法。失蜡铸造是用蜡制作所要铸成零件的蜡模，然后蜡模上涂以泥浆，这就是泥模。泥模晾干后，再经过焙烧，蜡模全部熔化流失后，就制成了陶模。一般制泥模时就留下了浇注口，再从浇注口灌入金属熔液，冷却后，所需的零件就制成了。

用熔模铸造工艺来铸造镂空的器物更佳。中国传统的熔模铸造技术对世界的冶金发展有很大的影响，现代工业的熔模精密铸造，就是从传统的失蜡法发展而来的。

我国古代工匠就在青铜器的制造中广泛采用了失蜡铸造工艺。曾侯乙尊盘，是春秋战国时期最复杂、最精美的青铜器件。它采用了失蜡法铸造方法，因而制造出纹饰细密复杂，且附饰无锻打和铸接痕迹的精美青铜器件，如图 2-31 所示。

1) 优点

- 尺寸精度较高。

图 2-31　曾侯乙尊盘

- 可以提高金属材料的利用率。
- 能最高限度地提高毛坯与零件之间的相似程度，为零件的结构设计带来很大便利。
- 生产灵活性高、适应性强，既适用于大批量生产，也适用于小批量生产甚至单件生产。

2) 缺点及局限性

工艺繁杂，费用较高。

3) 应用

熔模铸造适用于生产形状复杂、精度要求高或很难进行其他加工的小型零件。航空工业的发展推动了熔模精密铸造的应用，而熔模铸造的不断改进和完善，也为航空工业进一步提高性能创造了有利的条件。熔模铸造不仅在航空、汽车、船舶以及刀具等产品制造中被广泛采用，而且也广泛应用于工艺品的制造中。

3. 金属型铸造

金属型铸造是将液体金属浇入金属铸型，以获得铸件的一种铸造方法。这种用金属材料制作铸型进行铸造的方法，又称为永久型铸造或硬型铸造。铸型常用铸铁、铸钢等材料制成，可反复使用（几百次到几千次），直至损耗。适用于铸造中小型有色金属（如铝、铜、镁及其合金等）铸件和铸铁铸件的生产。

1) 优点

与砂型铸造相比，金属型铸造有如下优点。

- 复用性好，可"一型多铸"，节省了造型材料和造型工时。
- 由于金属型对铸件的冷却能力强，使铸件的组织致密、机械性能高。
- 铸件的尺寸精度高，表面光洁度高。
- 金属型铸造不用砂或用砂少，改善了环境、减少粉尘和有害气体、降低劳动强度。

2) 缺点及局限性

- 金属型制造成本高。
- 金属型不透气，而且无退让性，易造成铸件浇不足、开裂或铸铁件白口等缺陷。
- 金属型铸造时，铸型的工作温度、合金的浇注温度和浇注速度，铸件在铸型中停留的时间，以及所用的涂料等，对铸件的质量的影响甚为敏感，需要严格控制。
- 金属型铸造目前所能生产的铸件，在重量和形状方面还存在一定的限制，如对黑色金属只能是形状简单的铸件，铸件的重量不可太大，壁厚也有限制，较小的铸件壁厚无法铸出等。

3) 应用

金属型铸造广泛应用于大批生产的有色金属中的小型铸件，如各种铝合金的活塞、汽缸体、油泵壳体等，铜合金的各种轴套、铜瓦等。

4. 压力铸造

压力铸造简称压铸，是利用高压将金属液高速压入精密金属模具型腔内，金属液在压力作用下冷却凝固而形成铸件，属于精密铸造方法。适合生产小型、壁薄的复杂铸件，并能使铸件表面获得清晰的花纹、图案及文字等，主要用于锌、铝、镁、铜及其合金等铸件的生产。根据压力的大小，压力铸件可分为低压铸件和高压铸件。

1) 优点

- 压力铸造的产品质量好，而且铸件尺寸精确、表面光洁、组织致密、强度通常比砂型铸造提高25%～30%，可压铸薄壁复杂的铸件。
- 生产效率高。
- 经济效果优良。由于压铸件具有尺寸精确、表面光洁等优点，一般不再进行机械加工而直接使用，或加工量很小，所以既提高了金属利用率，又减少了大量的加工设备和工时，铸件价格便宜。

2) 缺点

- 铸件易产生气孔，不能进行热处理。
- 对内凹复杂的铸件，压铸较为困难。
- 高熔点合金（如铜、黑色金属），压铸型寿命较低。
- 不宜小批量生产，小批量生产不经济。

3) 应用

压铸件最先应用在汽车工业和仪表工业，后来逐渐扩大到产品设计各个行业。近几年来，铝压铸件在电视机底座的设计相当广泛，相对于铝型材，铝压铸工艺更能满足灵活丰富的形态设计要求。

康佳电视 8900 系列底座设计：压铸件的主要成本是由材料用量及表面处理工艺构成。将底座分解成左右支撑两个小底座，大大降低原材料的使用。该解决方案在性能、成本、美观上取得很好的平衡，如图 2-32 所示。

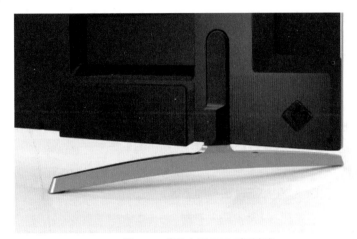

图 2-32　康佳电视 8900 系列底座

5. 离心铸造

将液态金属沿垂直轴或水平轴浇入旋转的铸件中，在离心力作用下金属液附着于铸型内壁，经冷却凝固成为铸件的铸造方法。

1) 优点

- 用离心铸造生产空心旋转体铸件时，可省去型芯、浇注系统和冒口，提高工艺出品率。
- 由于旋转时液体金属在所产生的离心作用下，密度大的金属被推往外壁，而密度小的气体、熔渣向自由表面移动，形成自外向内的定向凝固，因此补缩条件好，铸件组织致密，力学性能好。
- 便于浇注"双金属"轴套和轴瓦，如在钢套内镶铸一个薄层铜衬套，可节省价格较贵的铜料。
- 充型能力好，常用于制造各种金属的管型或空心圆筒形铸件，也可制造其他形状的铸件。
- 消除和减少浇注系统和冒口方面的消耗。

2) 缺点及局限性

- 铸件内自由表面粗糙，尺寸误差大，铸件内孔直径不准确，品质差，加工余量大。
- 铸件易产生比重偏析，不适用于密度偏析大的合金（如铅青铜）及铝、镁等合金。
- 用于生产异形铸件时有一定的局限性。

3) 应用

离心铸造最早用于生产铸管。现在，国内外在冶金、矿山、交通、排灌机械、航空、国防、汽车制造等行业中均采用离心铸造工艺，来生产钢、铁及非铁碳合金铸件产品。其中，尤以离心铸铁管、内燃机缸套和轴套等铸件的生产最为普遍。

2.4.2　切削加工

切削加工是指用切削工具（包括刀具、磨具和磨料）把坯料或工件上多余的材料层切去成为切屑，使工件获得规定的几何形状、尺寸和表面质量的加工方法。切削加工时，工件的已加工表面是依靠切削工具和工件做相对运动来获得的。

切削加工可以手工加工（钳工），工人用手持工具对工件进行切削加工。但更多的是利用切削加工机床进行机械加工。切削按使用工具的类型可分为两大类，一类是利用刃形和刃数都固定的切削工具进行加工，如车削、铣削、钻削、刨削、镗削等；另一类是利用刃形和刃数都不固定的磨具或磨料进行加工，如磨削、珩磨、研磨和抛光等。

切削加工的特点如下。

- 切削加工可获得相当高的尺寸精度和较小的表面粗糙度值。
- 切削加工适应性较强，几乎不受零件的材料、尺寸和质量的限制。
- 零件的组织和机械性能不变。
- 加工灵活方便，零件的装夹、成型方便，可加工各种不同形状的零件。
- 生产准备周期短，不需要制造模具等。

1. 切削运动

在切削加工运动中，使刀具和工件之间产生相对运动，目的是为了使零件的表面切除多余的材料，加工成符合要求的形状，这些运动称为切削运动。

2. 切削运动的主要分类

切削运动主要分为车削加工、铣削加工、钻削加工等。

1) 车削加工

用工件的旋转运动和刀具的直线运动（或曲线运动）在车床上加工零件（工件）来改变毛坯的形状和尺寸，将毛坯加工符合图样要求的工件，称为车削。车削是切削加工中应用最为广泛的加工方法之一。

车削加工的特点如下。

- 适合于加工各种内、外回转表面。
- 车刀结构简单，制造容易，便于根据加工要求对刀具材料、几何角度进行合理选择。另外，车刀刃磨及装拆也较为方便。
- 车削对工件的结构、材料、生产批量等有较强的适应性，应用广泛，可车削加工各种不同的材料。对于一些不适合磨削的有色金属可以采用金刚石车刀进行精细车削，能获得很高的加工精度和很小的表面粗糙度值。
- 切削力变化小，切削过程平稳，有利于高速切削和强力切削，生产效率高。

2) 铣削加工

铣削是以铣刀作为刀具在铣床加工物体表面的一种机械加工方法，使用旋转的多刃刀具切削工件，是高效率的加工方法。

(1) 铣削加工的主要运动

工作时刀具旋转（做主运动），工件移动（做进给运动），工件也可以固定，但此时旋转的刀具还必须移动（同时完成主运动和进给运动），切出需要的形状和特征。

(2) 铣削加工的特点

铣削加工的优点如下。

- 采用多刃刀具加工，刀刃轮替切削，刀具冷却效果好，耐用度高。
- 生产效率高、加工范围广。

- 具有较高的加工精度。
- 有利于减少刀齿的磨损，提高刀具的寿命。

铣削加工的缺点如下。

容易产生振动。由于铣削时刀齿是不连续切削，并且切削厚度和切削力时刻都在变化，所以容易产生振动，影响加工质量。

3) 钻削加工

钻削是孔加工的一种基本方法。钻孔经常在钻床和车床上进行，也可以在镗床或铣床上进行，高速旋转钻孔，切除材料的过程中需要向钻刀上喷射冷却液冷却钻刀，润滑切割面，同时冲走钻削过程中产生的钻削碎屑。钻孔一般用于孔的直径不大、精度要求不高的情况下。

钻削加工的缺点如下。

- 钻头在半封闭的状态下进行切削的，切削量大，排屑困难。
- 摩擦严重，产生热量多，散热困难。
- 转速高、切削温度高，致使钻头磨损严重。
- 挤压严重，所需切削力大，容易产生孔壁的冷却硬化。
- 钻头细而长，加工时容易产生弯曲、断裂和振动。
- 钻孔精度低。

2.4.3 压力加工

金属压力加工，又称为金属塑性加工，是指金属在外力作用下所产生的塑性变形，来获得具有一定形状、尺寸和力学性能的原材料、毛坯或零件的生产方法。压力加工可改善金属材料的组织和机械性能，产品可直接获取或经过少量切削加工即可获取。金属损耗小，适用于大批量生产。压力加工需要使用专用设备和专用工具，不适用于加工脆性材料或形状复杂的产品，按加工方式的不同，塑性加工可分为锻造、轧制、挤压、冲压和拉拔加工。

1. 加工方法的类型

1) 锻造

锻造工艺运用了金属的延展性，通过外力反复锻打金属使其成型。工业革命之前，锻造是普遍的金属加工工艺，如马蹄铁、冷兵器、盔甲都由各国铁匠手工锻造（俗称打铁），通过反复将金属加热锤击淬火，直到得到想要的形状。

典型产品有手持工具、盔甲、交通工具、航空航天、重载机器等，主要包括以下两种基本方式，用于制造各种零件或型材毛坯。

自由锻造（简称自由锻）：用于制造各种形状比较简单的零件毛坯。

模型锻造（简称模锻）：用于制造各种形状比较复杂的零件，是最简单、最古老的金属造型工艺之一。

设计锻造件时应注意以下问题。

- 零件的形状力求简单、平直，避免薄壁、高筋凸起等外形结构。
- 锻件尺寸精度和形状精度都比较低，形状设计不宜太复杂。
- 为了保证锻件能够从模具中分离出来，锻件必须有一个合理的分型面，如图 2-33 所示。

2) 轧制

使金属坯料通过一对回转轧辊之间的空隙而受到压延的过程，包括冷轧（金属坯料不加热）和热轧（金属坯料加热），用于制造如板材、棒材、型材、管材等。

3) 挤压

把放置在模具容腔内的金属坯料从模孔中挤出来成形为零件的过程，包括冷挤压和热挤压，多用于壁厚较薄的零件及制造无缝管材等。

4) 冲压

使金属板坯在冲模内受到冲击力或压力而成形的过程，也分为冷冲压与热冲压。冲压的零件广泛应用于汽车零件制造和家用电器的制造。

冲压利用不同的模具可以实现拉伸、弯曲、冲剪等工艺。主要优点：生产效率高，产品尺寸精度较高，表面质量好，易于实现自动化、机械化，加工成本低，材料消耗少，适用于大批量生产。主要缺点：只适用于塑性材料加工，不能加工脆性材料，如铸铁、青铜等，不适用于加工形状较复杂的零件，如图 2-34 至图 2-36 所示。

图 2-33　铁树叶的锻造

图 2-34　手工冲压金属纹样

图 2-35　华为 Mate 7

图 2-36　冲压产品

5) 拉拔

将金属坯料拉过模孔以缩小其横截面的过程，用于制造如丝材、小直径薄壁管材等，也分为冷拉拔和热拉拔。

2. 加工的特点

- 金属铸锭的显微组织一般都很粗大，经过压力加工后，能细化显微组织，提高材料组织的致密性，从而提高了金属的机械性能，能比铸件承受更复杂、更苛刻的工作条件，如承受更高载荷等，因此许多重要的承力零件都采用锻件来制造。

- 由于压力加工能直接使金属坯料成为所需形状和尺寸的零件，大大减少了后续的加工量，提高了生产效率，同时也因为强度、塑性等机械性能的提高而可以相对减少零件的截面尺寸和重量，从而节省了金属材料，提高了材料的利用率。

● 有些零件形状很复杂，往往难以采用一般的机械加工手段制成，但是可以通过模锻来实现（特别是精密模锻）。

2.4.4 金属表面加工

大部分的材料都可以通过表面处理的方式来改变产品表面所需的色彩、光泽、肌理等需要，可以直接提高产品的审美功能、保护功能，从而增加产品的附加值。

1. 阳极氧化

阳极氧化是指金属或合金的电化学氧化。例如，铝的阳极氧化，是利用电化学原理，在铝和铝合金的表面生成一层氧化铝膜，这层氧化膜具有防护性、装饰性、绝缘性、耐磨性等特殊特性，如图 2-37 所示。

图 2-37 阳极氧化处理的苹果电脑

1) 优点
● 提升强度。
● 实现除白色以外的其他颜色。
● 实现无镍封孔，满足欧美等国家对无镍的要求。

2) 阳极氧化的作用
防护性、装饰性、绝缘性、耐磨性等，可提高与有机涂层、无机覆盖层的结合力。

2. 电泳

电泳是指带电颗粒在电场作用下，向着与其电性相反的电极移动。金属电泳是抛开传统的水电镀、真空镀而出现的一种新型的绝对环保的喷涂技术。它具有硬度高、附着力强、耐腐、冲击性能和渗透性能强、无污染等特性，主要用于不锈钢、铝合金等金属材料的表面处理，可使金属材料呈现各种颜色，并保持金属光泽，同时增强表面性能，具有较好的防腐性，如图 2-38 所示。

1) 优点
● 颜色丰富。
● 无金属质感，可配合喷砂、抛光、拉丝等。

图 2-38 金属电泳产品

- 液体环境中加工，可实现复杂结构的表面处理。
- 工艺成熟、可量产。

2) 缺点

掩盖缺陷能力一般，压铸件做电泳对前处理要求较高。

3. 微弧氧化

微弧氧化又称为微等离子体氧化，是通过电解液与相应电参数的组合，在铝、镁、钛及其合金表面依靠弧光放电产生的瞬时高温高压作用，生长出以基体金属氧化物为主的陶瓷膜层，如图2-39所示。

图 2-39　金属微弧氧化产品

1) 优点

- 陶瓷质感，外观暗亚，没有高光产品，手感细腻，防指纹。
- 基材广泛：Al、Ti、Zn、Zr、Mg、Nb 及其合金等。
- 产品耐腐蚀性、耐磨损性、耐候性、散热性好，有良好的绝缘性能。
- 大幅度地提高了材料的表面硬度。

2) 缺点

目前颜色受限制，只有黑色、灰色等较成熟，鲜艳颜色目前难以实现，成本主要受高耗电影响，微弧氧化是表面处理中成本最高的其中之一。

4. PVD 真空镀

PVD（物理气相沉积）真空镀是指利用物理过程实现物质转移，将原子或分子移到基材表面上的过程。它的作用是可以使某些有特殊性能（强度高、耐磨性、散热性、耐腐性等）的微粒喷涂在性能较低的母体上，使得母体具有更好的性能。

技术特点：PVD 可以在金属表面镀覆高硬镀、高耐磨性的金属陶瓷装饰镀层。

最近 30 年迅速发展，成为一门极具广阔应用前景的新技术，并向环保型、清洁型趋势发展。PVD一方面保护金属不被腐蚀，另一方面可以呈现丰富的色彩变化。20 世纪 90 年代初至今，在钟表行业，尤其是高档手表金属外观件的表面处理方面的应用已越来越广泛，如图 2-40 所示。

图 2-40　PVD 真空镀金属产品

5. 电镀

电镀是利用电解原理在某些金属表面镀上一薄层其他金属或合金的过程，是通过电解作用使金属或其他材料产品的表面附着一层金属膜的工艺，从而起到防止金属氧化（如锈蚀），提高耐磨性、导电性、反光性及保持金属光泽增进美观等作用的一种技术。

1) 优点

- 镀层光泽度高，高品质金属外观。
- 基材为钢、铝、锌、锰等，成本相对 PVD 低。

2) 缺点

环境保护较差，环境污染风险较大，如图 2-41 所示。

图 2-41　卫浴品牌高仪 (Grohe) 的闪星 (Starlight) 技术

6. 粉末喷涂

粉末喷涂是用喷粉设备（静电喷塑机）把粉末涂料喷涂到工件的表面，在静电作用下，粉末会均匀地吸附于工件表面，形成粉状的涂层。粉状涂层经过高温烘烤流平固化，变成效果各异（粉末涂料的不同种类效果）的最终涂层。

1) 优点

- 颜色丰富，高光、亚光可选。
- 成本较低，适用于建筑家具产品和散热片的外壳等。
- 利用率高，100% 利用，环保。
- 遮蔽缺陷能力强。
- 可仿制木纹效果。

2) 缺点

目前用于电子产品比较少。

7. 金属拉丝

金属拉丝是通过研磨在产品表面形成线纹，以起到装饰效果的一种表面处理手段。在拉丝过程中，阳极处理之后的特殊的皮膜技术，可以使金属表面生成一种含有该金属成分的皮膜层，清晰显现每一根细微丝痕，从而使金属亚光中泛出细密的发丝光泽。根据拉丝后纹路的不同，可分为直纹拉丝、乱纹拉丝、波纹和旋纹。

技术特点：拉丝处理可使金属表面获得非镜面般金属光泽，同时拉丝处理也可以消除金属表面细微的瑕疵，如图 2-42 所示。

8. 喷砂

喷砂是采用压缩空气作为动力，以形成高速喷射束将喷料高速喷射到需处理的工件表面，使工件表面的外表面或形状发生变化，从而获得一定的清洁度和不同的粗糙度的一种工艺，如图 2-43 所示。

图 2-42　金属拉丝产品　　　　　　　　　　　　　图 2-43　金属喷砂产品

技术特点如下。

- 实现不同的反光或亚光。
- 能清理工件表面的微小毛刺，并使工件表面更加平整，消除了毛刺的危害，提高了工件的档次。
- 喷砂具有处理遗留在金属表面残污的作用，提高工件的光洁度，能使工件露出均匀一致的金属本色，使工件外表更加美观。

9. 抛光

抛光是利用柔性抛光工具和磨料颗粒或其他抛光介质对工件表面进行的修饰加工。依据抛光过程的不同可分为粗抛（基础抛光过程）、中抛（精加工过程）和精抛（上光过程）。选用合适的抛光轮可以达到最佳抛光效果，同时提高抛光效率，如图2-44所示。

技术特点：提高工件的尺寸精度或几何形状精度，得到光滑表面或镜面光泽，同时也可消除光泽。

10. 蚀刻

蚀刻也称为光化学蚀刻，是指通过曝光制版、显影后，将要蚀刻区域的保护膜去除，在蚀刻时接触化学溶液，达到溶解腐蚀的作用，形成凹凸或者镂空成型的效果。

图2-44　金属抛光产品

1) 优点

- 可进行金属表面细微加工。
- 赋予金属表面特殊的效果。

2) 缺点

蚀刻时采用的腐蚀液体（酸、碱等）大多对环境具有危害，如图2-45所示。

图2-45　金属蚀刻产品

2.5　金属材料在设计中的地位

在设计界，拥有华丽的外观、硬朗的线条、迷人光泽质感的金属受到设计师的广泛推崇。

在产品设计上，金属因为拥有极高的反光度能够反射周围五彩斑斓的世界而被广泛应用于工艺首饰、装潢材料、手机家电、数码产品等多领域。我们要在"艺术来源于生活并高于生活"的基本理念的基础之上充分发掘金属质感的内涵，将这个概念的内涵与现代科学技术的发展紧密结合在一起，让它在创造经济价值财富的同时，也为人类在感官上创造更为安逸舒适的高品质生活。

2.5.1　色彩

　　金属表面色彩是在特定溶液中采用化学、电化学或置换等方法在金属表面形成一层特定颜色的有色膜或干扰膜，使得金属表面呈现不同的颜色，达到模仿贵金属、仿古、装饰等目的。金属自身就带有黑、铜黄、银等原始颜色，设计师通常把这些原始颜色安置在安逸、舒适、休闲场景中，给人以放松、回归自然的惬意感觉，如图 2-46 和图 2-47 所示。

图 2-46　Geo 盐 + 胡椒瓶

图 2-47　卡特尔大师椅

2.5.2　光泽

　　产品的表面经过不同的表面处理工艺可以得到如镜子般光滑的镜面效果、细密光亮的拉丝效果和安静含蓄的亚光等不同光泽效果，如图 2-48 至图 2-51 所示。

图 2-48　可爱的锥形调味器

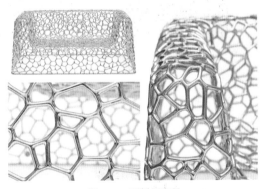

图 2-49　不锈钢家具

图 2-50　阿尔多·罗西的 La Conica 咖啡壶

图 2-51　米兰建筑师、设计师安德烈的松鼠形的胡桃夹子

2.5.3 肌理

由于采用不同的工艺处理手法，使用的材料也有所不同，致使作为材料外在的感性形式——肌理，呈现出各种各样的效果。可以根据需要在金属表面上拉出直纹、乱纹、螺纹、波纹和旋纹等几种条纹，带来不同的金属质感。金属蚀刻可以使金属表面得到一种斑驳、沧桑的肌理装饰效果，如图 2-52 至图 2-54 所示。

图 2-52 Ron Arad 金属打造的前卫造型家具

图 2-53 产于印度的锤打金属碗

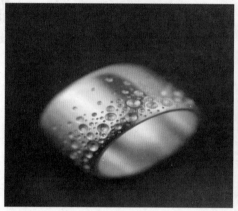

图 2-54 金属饰品

2.5.4 质地

自然质地如图 2-55 和图 2-56 所示。

图 2-55 飞利浦搅拌器

图 2-56 克拉拉·德尔·波蒂略设计的餐具

加工质地如图 2-57 至图 2-59 所示。

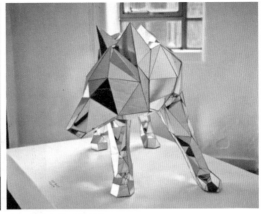

图 2-57　用金属镜面组成的立体动物雕塑

图 2-58　理查德·塔特尔用金属与水泥材质结合设计的工艺品　　图 2-59　Benedetta Ubaldini 设计的铁丝网雕塑

　　产品设计是光线色彩、线条质感、商业推广之间相互协调、彼此融合的一个行业。金属质感以它特有的炫目光感越来越受到人们的重视,在正常的光谱里脱颖而出。金属质感不属于任何色系,带着一丝冰冷、些许的厚重,以宁静的姿态折射世间的万紫千红,以一种冷艳凝重的肌理渗入人们的记忆,是一种让人用心去体会的色彩。金属质感在商品领域的应用有着举足轻重的作用,用理论去发掘它的优势,用实践去开拓金属质感带给商品的潜在市场契机是艺术赋予我们人类的责任。金属质感衬托的是产品的原始造型,不会出现设计中色彩过于繁杂喧宾夺主的设计误差。金属质感的设计使设计师更容易轻松地驾驭自己的灵感,只要在设计过程中着重设计对象线条的把握、反光和角度的位置、设计理念的疏导就可以精确地表现产品的定位。

2.6　典型金属产品案例赏析

　　设计师斯蒂芬·纽拜通过如图 2-60 所示的这一作品,充分展现出意想不到的效果——金属犹如充满气的气球,也如同一个充实舒适的抱枕,柔和的枕头造型与其坚硬的钢质形成了强烈的对比,增加了其视觉的冲击力。不锈钢制作充气效果的加工工艺，因为不使用模具而带有一些不确定性，会形成互相不同的涟漪效果，每个"枕头"都是一件独一无二设计的单品。

　　设计师山姆·布克斯顿，通过剪切折叠方式在平面板材上形成立体的产品造型是一种传统的设计方法。这种方法可以在材料的表面上获得非常薄、非常细腻和复杂的并有刚性图案的造型。

　　如图 2-61 所示的这件作品展现了酸蚀刻技术的应用，使得在不锈钢片上加工制作图形不再需要将整片金属全部剪开。与激光切割相比，该方法具有处理复杂图形的能力，且成本较低。

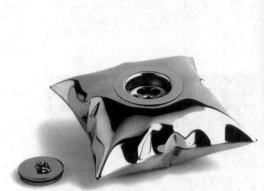
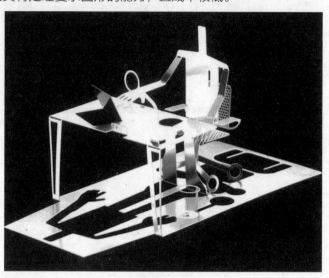

图 2-60　带塞子的抛光不锈钢容器　　　　图 2-61　应用酸蚀刻技术的作品

　　林德伯格公司为其一款造型简洁独特的眼镜框专门设计了如图 2-62 所示的眼镜盒。不锈钢材料要具有亚光的效果，可以通过研磨、喷砂和化学处理等工艺达到。在本次设计中，应用研磨技术，使得眼镜盒的设计更加朴素、简洁。整体设计理念实现材料、形状与功能的完美结合。

图 2-62　眼镜盒

　　如图 2-63 所示的榨汁机的英文名称叫作 the Juicy Salif，是斯塔克在 1990 年为阿莱西公司 (Alessi) 设计的一款简单明确的榨汁工具，顶部有螺旋槽，切开柠檬，半个压在顶上拧，柠檬汁就会顺着顶部螺旋槽流到下面的玻璃杯里，这个设计的概念，有点像中国古代的爵、鼎，就是顶部是实心的，一个螺旋槽纺锤形状，远看好像一只大的不锈钢蜘蛛一样。没有想到的是这个产品一推出来，居然轰动了时尚界，因其价格适中，受到人们的极大追捧，逐渐形成一种流行文化。

　　在德国公布的 2012 年红点设计大奖 (Red Dot Design Award 2012) 获奖名单中，BE 与 QisDesign 团队设计的一款桌灯 Coral Reef 携手获奖。

　　这款 Coral Reef 桌灯，融入了自己的美学逻辑，金属材质与线条流畅融合，工艺精湛，体现了现代设计注重材质美感的表现。在使用中，我们只需轻敲金属底座，就可以开关和调节亮度，顶部的圆环可以调整照明角度，线条优雅流畅，具有独特的金属光泽，如图 2-64 所示。

图 2-63　榨汁机

图 2-64　Coral Reef 桌灯

如图 2-65 所示为设计师 Junwon Yang 全新的图钉设计。这是一款简单的图钉设计，长方形和边角圆弧的处理，方形与圆形的结合简单而不失美感，而且圆弧状的边角使用上更加安全。这款设计主要用来弥补普通图钉拔出比较麻烦的缺点，当它插入后想要取出，只需按翘起的部分即可，并且还能当一个挂轻便东西的挂钩。

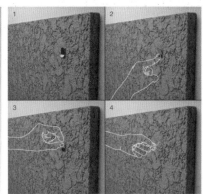

图 2-65　图钉设计

这款腕表线条简洁流畅，纯钢的材质低调奢华又精致，色彩纯正自然，这种清新柔和的色彩搭配低调的同时展现现代感的摩登时尚，诠释出亲切、低调、清新柔和而又冷静淡然的气质，如图 2-66 所示。

MacBook Air 是苹果公司开发的一部超薄型笔记本电脑。苹果公司声称这部电脑是"世界上最薄的笔记本电脑"，最新版本的最厚部分只有 0.68in (17.272mm)，而最薄部分只有 0.11in(2.794mm)。一件成形的机身设计，包含机身本体与显示屏幕的外盖皆以铝制金属制成。

MacBook Air 的显示屏与主机身均采用 Unibody

图 2-66　纯钢腕表

一体成形机身设计。Unibody 结构意味着更高的精准度、采用更少的部件与更简洁的设计。这让 MacBook Air 的外观格外轻巧，但足够耐用，能应对日常使用中的颠簸与磕碰。不仅如此，MacBook Air 还具有难得一见的创新设计，如 MagSafe 2 电源适配器端口，如果不小心绊到电源线，它会干净利落地与笔记本电脑脱开，如图 2-67 所示。

图 2-67　MacBook Air

如图 2-68 所示为 Tom Dixon 品牌一套名为 Brew 的铜质咖啡器皿。铜质的外形具有强烈的光泽，带来一种坚固的金属感。杯盖或底部印有 Tom Dixon London，是咖啡爱好者的收藏必备。

图 2-68　铜质的咖啡器皿

喜欢拿铜做设计的 Tom Dixon，在纽约的新店，整个店铺内饰由 Tom Dixon 的内部设计团队完成。设计师试图保留建筑原有的特色，例如锡质天花板和裸露的钢柱。而 Tom Dixon 设计的产品则自然与之相适应成为软装的一部分，并不需要过分修饰，如图 2-69 所示。

托德·布歇尔先后为 Havitat 公司和 Artecnica 公司设计 Garland 吊灯，将蚀刻的金属片沿着灯泡包裹，形成了漂亮的花丛形状。该设计使用了近些年流行的织物纹样，是流行文化的再次发现，如图 2-70 所示。

图 2-69 铜质饰品

如图 2-71 所示的钢木椅主要运用钢板、山毛榉材料。这把椅子在使用多年以后，随着金属部分的锈蚀与木头部分的磨损，又可以为其带来更多个性化的东西。

对金属逐步施加缓慢的弯曲与折断加工，在这个过程中复杂的压制与弯曲加工是非常艰难的。

布鲁克林 Fort Standard 设计室与 3D 打印家居用品品牌 OTHR 再度联手，在畅销产品"ico 开瓶器"的基础上，推出限量版亚光黑钢 3D 打印 ico 开瓶器。秉承简约、实用的设计理念，致力于打造独一无二的家居用品。他们说，他们的设计具有"温馨的现代主义"审美情趣，从而为大众创造价值。ico 开瓶器的形状为二十面体，每一面都可以用来开启瓶盖，淋漓尽致地展现了钢制 3D 打印产品的巨大潜力。每一个面上的三条边，意味着总共拥有 60 枚开瓶器。它还藏有一个不为人知的小秘密——酒瓶开启之后，瓶盖会留在开瓶器内，如图 2-72 所示。

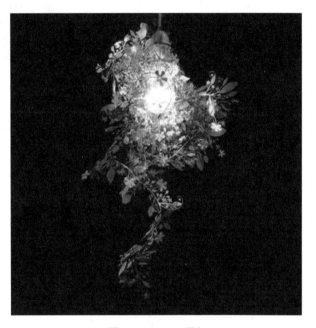

图 2-70 Garland 吊灯

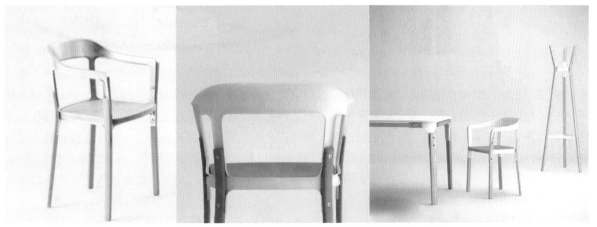

图 2-71 钢木椅

图 2-72 ico 开瓶器

家居用品中使用的不锈钢基本上都是奥氏体。创建于 1960 年的施坦尔顿公司就是以其传统标志性的不锈钢产品设计而闻名。事实上，他们的所有产品都兼具功能性和美观性，其干净利落的圆柱形功能性造型设计与其材料的内在美完美地融合在一起。优质的不锈钢材料和精密的生产工艺共同将施坦尔顿的产品推向了豪华家居用品的位置，如图 2-73 所示。

吉斯·贝克是德鲁格设计公司的创始人之一，他设计了一系列玻璃与不锈钢结合的产品，这些产品都具有标志性的波浪形表面效果。柔和的造型结合无懈可击的抛光表面，不锈钢独有的美在这里得以完美体现。这件作品的造型和表面效果和谐、相互辉映，营造出栩栩如生的水滴波纹效果，如图 2-74 所示。

图 2-73 圆柱形热水壶

图 2-74 流动的水果盘

麦兰多利纳折椅吸收和借鉴了成型铝椅的经典设计元素，并在这种成型工艺的基础上引入了另一种不太令人所熟悉的加工工艺，即模压或者热压，而这种工艺在传统座椅加工中不常见。这把折椅在其加工初期本来是一张平整的铝片，经过切割、钻孔及冲压之后最终形成其三维形态。这张成型座椅上没有任何钉子、螺钉、胶水及焊接点等，可以说是一个将平面材料转化为牢固实用产品一次成型的典型范例。

这把座椅的问世将许多设计师的目光吸引到铝身上，延展性好、质量轻、抗腐蚀等特性使其成为一种重要的设计原材料，如图 2-75 所示。

建筑大师马赛·布鲁尔为了纪念他的老师瓦西里·康丁斯基，将自己设计的第一把钢管椅命名为"瓦西里椅"，没想到这张典型包豪斯设计风格的钢管椅，不但开启了布鲁尔探索弯曲钢管家具的设计之路，也影响了以后成千上万位设计师的作品，如图 2-76 所示。

图 2-75　麦兰多利纳折椅

图 2-76　瓦西里椅

　　SIGG 是一个在德国享有 70% 知名度的品牌，其结实耐用的铝制饮料瓶产品已经成为不着设计痕迹的典范作品。整个过程从铝坯的制备开始，在铝坯料就位后，冲压机开始冲压，根据模具的形状形成圆柱形空腔。装置的顶部带有螺纹，以便使瓶盖能牢固地拧在瓶身上。瓶内壁喷涂一层搪瓷，既保证饮料储存安全，又能防止饮料瓶中酸的腐蚀。最后，对瓶身进行独具个性的磨砂效果涂层，如图 2-77 所示。

　　设计师阿弗罗蒂提·克拉萨在谈到她的创意"浮灯"时说："我在这个设计中选用了金属塑料，主要是考虑到功能方面的原因，利用其反光特性把它做成一个光的反射体。气球和一束由发光二极管组成的光源都装在一个尼龙网兜里，气球的作用是作为一个光源反射体。所以元件全部固定在一个机架上，电线及其他调节装置可以用来调整灯的高度"，如图 2-78 所示。

　　科罗斯公司的薄片钢产品质量很轻，而且具有延展性，这些特性使它非常适合用于制作书籍的封面。使用这种钢片做成的封面坚固而不易撕裂，可以说兼具了审美性与功能性。《调羹》一书的封面使用的是一种新型的涂层钢材——塑料涂层，钢表面的塑料涂层令其可以进行压花及切削加工。另外，塑料表面还让封面具有了防污性能，如图 2-79 所示。

图 2-77　功能瓶

图 2-78　浮灯

图 2-79　《调羹》封面——马克·戴伯

　　设计师伯瑞斯·宝利不仅充分发掘了这些金属的支撑功能，而且还将他们在前一个造型中的特点都保留下来，并把这些特点和谐地融入他所创作的新造型中。伯瑞斯·宝利把他制作这些铝制椅子的过程称为"人性加工"，因为它们都是用一些收集来的废料加工而成的，而且整个加工过程只需一些简单轻巧的工具，如图 2-80 所示。

图 2-80　新式交通信号椅子

这个看上去十分简单的无开关灯作品充分利用了不锈钢材料的几大特点，有磁性、能反光及有传导性。设计师阿尔瓦罗·卡德兰·德·安康说："我的基本设计意图是想创造一件以一片简单钢片作为主体结构的作品，除了利用钢的结构特点以外，我还希望这件作品能够发挥钢的其他固有特性。它身兼多重角色，既是灯光的反光板又是电磁线路，另外也是导体。作为主要结构部件，钢片还起着将灯泡及所有其他元件固定在恰当位置的作用。"

"我设计这款灯具时希望它能够让人们体验到就像亲手去点燃一根蜡烛时的乐趣。可以说这盏灯点亮的制作过程不但有趣，而且带有些许传统宗教仪式的感受"设计师阿尔瓦罗·卡德兰·德·安康说，如图 2-81 所示。

家居设计师汤姆·朗赫斯特和平面设计师西蒙·普罗克特将两个不同领域的设计理念相互结合，开始了他们全新的设计探索。他们开始尝试用不同的金属材料来创造具有不同肌理和造型的砖瓦结构，并以摩尔斯电码作为设计主题。他们最终决定用铝，因为这种材料能够满足生产中的大部分要求。

翻砂工艺使他们能够灵活地调整生产规模的大小，而且由于铝的重量很轻，也不需要额外的工序来安装固定。最重要的一点是，经过处理后的铝砖具有一种手工雕塑般的美感，如图 2-82 所示。

图 2-81　无开关灯概念方案　　　　　　　　图 2-82　"摩尔斯"铝砖

《第3章》
塑料、橡胶材料及其加工工艺

∨

3.1 塑料、橡胶材料概述

橡胶与塑料统称为橡塑材料，如图3-1所示。它们的共同特性是都为石油的附属产品，都属于有机高分子材料。广义地说，橡胶其实是塑料的一种，塑料包括橡胶。不同的是，橡胶分为天然橡胶与合成橡胶两种。天然橡胶取自橡胶树、橡胶草等植物的胶乳；合成橡胶是通过用异戊二烯作为单体进行聚合反应得到的。因此，狭义上看塑料不包括橡胶。塑料与橡胶在制成产品的过程里，物理性能不同，用途更是不同。尤其是塑料，随着技术的发展与市场的需求，其用途越来越广泛。在产品设计中二者经常结合使用。

图 3-1 橡塑材料

3.1.1 塑料材料概述

当今，塑料已经成为现代工业产品中不可缺少的材料，其产量大、成型性能好、价格便宜，已广泛应用于工业产品之中，与橡胶、纤维统称为产品设计的三大基础材料，如图3-2所示。塑料是以合成树脂为主要原料，在一定压力和压强下塑形成一定形状，并在常温下保持其既有形状的有机高分子树脂材料；它是通过聚合反应制成的，简称高聚物或者聚合物。塑料与有机高分子树脂两者之间的关系就如同米饭与大米的关系，在没有进行高温蒸煮之前是大米，在进行了高温蒸煮之后就成了米饭。同样，塑料在未进行加工之前的主要成分是高分子树脂，加工之后称为塑料。为了改善其性能，通常在其中加入各

图 3-2 塑料

种添加剂（如填料、固化剂、增塑剂、稳定剂、抗氧剂、阻燃剂、抗静电剂、发泡剂、着色剂及润滑剂等），从而使它具有良好的可塑性。

树脂作为塑料的主要成分，它决定着塑料的基本性能。树脂可以按照其来源分为天然树脂和合成树脂。天然树脂来自大自然，如蛋白质、虫胶、琥珀等。与合成树脂相比，天然树脂的种类及数量都比较少，性能也受到很大的限制。因此，目前塑料中使用的树脂，大多是合成树脂。合成树脂品类繁多，可达千种。并且随着合成化学工业的发展还在不断增加。

塑料的分类有很多种，常用的有两种：一种是按照材料受热后性能的变化，分为热塑性塑料和热固性塑料；另一种则是按照用途不同分为通用塑料、工程塑料、特种塑料。

塑料材料的开发和应用至今已经有一个世纪以上的历史。最早的塑料是由天然的有机高分子材料经过化学改性获得的，如赛璐珞。图3-3所示的以赛璐珞为原料制作的乒乓球，就是由樟脑增塑的硝化纤

维制成的。塑料的发展大致分为四个阶段，第一个阶段是 20 世纪 30 年代初，理论上的突破，陆续开发了聚苯乙烯、聚氯乙烯、有机玻璃、聚乙烯、尼龙等热塑塑料，以及不饱和聚酯、环氧聚酯、聚氨酯等。第二个阶段是 20 世纪 50 年代，这个阶段是塑料工业发展的重要转折期间，由于石油化学工业的高速发展，塑料的主要原料开始从煤转向石油。第三个阶段是 20 世纪 50 ～ 60 年代，新品种不断增加，产量迅速增长，成型加工技术日趋完善，应用领域不断拓展；第四个阶段则是 20 世纪 70 年代，高分子新技术发展迅速，碳纤维、芳纶纤维为代表的高强度、高模量纤维的研发成功，伴随着橡塑材料的质的飞跃。

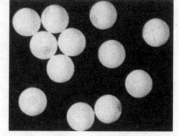

图 3-3　以赛璐珞为原料制作的乒乓球

3.1.2　橡胶材料概述

橡胶是高弹性高分子化合物的总称，由于它特有的高弹性能，所以也被称为弹性体。橡胶分为天然橡胶和合成橡胶两种，均称为有机高分子材料。其中，天然橡胶最早是从橡胶树、橡胶草等植物中提取胶质后，辅助以硫化剂、促进剂、防老剂、软化剂等加工制成各种橡胶产品。

天然橡胶是异戊二烯的聚合物，含少量蛋白质、水分、树脂酸、糖类和无机盐等。天然橡胶分子链在常温下呈定形状态。其密度为 $0.913g/cm^3$，弹性模量为 2 ～ 4MPa，约为钢铁的三万分之一，而伸长率为钢铁的 300 倍，最大可达 1000%。在 0℃ ～ +100℃ 范围内，天然橡胶的回弹性可达到 50% ～ 85% 以上。对于橡胶的历史，应追溯到 11 世纪哥伦布第二次航行时，看到海地人玩耍的球状物体能从地上弹跳起来，经询问才知道这球状物体是树上流出来的浆液制成的。这是欧洲人第一次意识到有橡胶这种物质的存在。

随后，1823 年马凯尔建立了橡胶厂，用苯溶解橡胶制造雨衣，这就是橡胶工业的起点。19 世纪中叶，由于工业革命，英国的橡胶工业得到高速发展，建立了大量有规模的橡胶工厂。1888 年，兽医约翰·博伊德·邓禄普发明了充气轮胎。经过两次世界大战的影响和刺激，橡胶作为战略物资，在科学技术的支撑下，在工业及应用上得到了快速的发展。如今，橡胶已经成为重要的工业材料之一，如图 3-4 所示。

中国的橡胶工业是从广州兄弟创制树胶公司开始的，20 世纪 20 年代建立了正泰和大中华橡胶厂，如图 3-5 所示。20 世纪 30 年代，山东、辽宁、天津陆续建立了橡胶厂。

合成橡胶在 20 世纪初开始生产。50 ～ 60 年代开始，由于现代高分子合成材料及石化产品出现，合成橡胶得到了迅速的发展。现在已成为产品制造的重要基础材料之一，广泛应用于生活产品、交通工具产品、机械装备产品、航空航天产品、国防武器产品等工业产品领域。

图 3-4　橡胶轮胎

图 3-5　大中华橡胶厂

3.2　塑料、橡胶材料分类

3.2.1　塑料材料分类

用于工业产品的塑料种类很多，到目前为止，世界上投入生产的塑料有三百多种，常用塑料有三十多种。作为基本原料，按其性能根据其添加剂的不同而产生不同使用结果的产品材料。在选择塑料为产品设计材料时，应从产品的使用要求和塑料在产品中所发挥的作用选择适宜的塑料材料品种。就工业产品用材而言，塑料的分类方法较多，常用的有如下两种。

1. 根据受热后的性质不同分类

根据塑料受热后的性质不同分为热塑性塑料和热固性塑料。

1) 热塑性塑料

热塑性塑料受热到一定程度又重新软化，冷却后又变硬，这种过程能够反复进行多次，其变化过程可逆，如聚氯乙烯、聚乙烯、聚苯乙烯等都属于热塑性塑料。热塑性塑料成型过程比较简单，能够连续化生产，并且具有相当高的机械强度，因此发展很快，是可回收利用的塑料。

2) 热固性塑料

热固性塑料虽然具有可溶性和可塑性，可以塑成一定的形状，但是受热到一定的程度或加入少量固化剂后，树脂变成不溶或者不溶的体型结构，使形状固定下来不再变化。即使再加热也不会变软和改变形状了。在这个加热过程中，既有物理变化，又有化学变化，因此其变化过程是不可逆的。热固性塑料加工成型后，受热不再软化，因此不能回收再用。简言之，热固性塑料是加热硬化合成树脂得到的塑料。其耐热性好、不容易变形，如酚醛塑料、氨基塑料、不饱和聚酯、环氧树脂等都属于此类塑料。

2. 根据用途不同分类

根据塑料的用途不同可分为通用塑料、工程塑料和特种塑料。

1) 通用塑料

通用塑料一般是指产量大、价格低、成形性好、应用范围广的塑料，但性能一般。主要包括聚烯烃(PO)、聚氯乙烯 (PVC)、聚苯乙烯 (PS)、酚醛塑料 (PF) 和氨基塑料五大品种。人们日常生活中使用的许多产品都是由这些通用塑料制成的。

2) 工程塑料

工程塑料的性能比通用塑料要强，是在能承受一定外力的作用下，具有良好的机械性能的高分子材料，可作为工程结构材料和代替金属制造机器零部件等的塑料。例如，聚酰胺 (PA)、聚碳酸酯 (PC)、聚甲醛 (POM)、ABS 树脂、聚四氟乙烯 (PTFE)、聚酯等。工程塑料具有密度小、化学稳定性高、机械性能良好、应力尺寸稳定、电绝缘性优越、加工成型容易等特点，广泛应用于汽车、电器、化工、机械、仪器、仪表等工业产品中，同时也应用于宇宙航行、火箭、导弹等方面。但是其价格均高于通用塑料。

3) 特种塑料

特种塑料是指具有某些特殊性能的塑料。一般是由通用塑料或工程塑料经特殊处理或者改性获得的，但也有一些是由专门合成的特种树脂制成的。这些特殊性能包括耐热性能高、绝缘性能高、耐腐性高等特点。主要包括聚苯硫醚 (PPS)、聚砜 (PSF)、聚酰亚胺 (PI)、聚芳酯 (PAR)、液晶聚合物 (LCP)、聚醚醚酮 (PEEK)、含氟聚合物等，如氟塑料和有机硅塑料，有突出的耐高温、自润滑等特殊性能。用玻璃纤维或碳纤维增强的塑料和泡沫塑料具有高强度、高缓冲性等特殊性能，这些塑料都属于特种塑料的范畴。特种工程塑料种类多，性能优异价格较贵。

另外，按聚合物分子聚合状态也可分为两类：一类是无定形塑料；另一类是结晶塑料。塑料按组成与结构可分为模塑粉、增强塑料和发泡塑料三种。

3.2.2　橡胶材料分类

根据橡胶的外观形态：橡胶可分为固态橡胶（又称为干胶）、乳状橡胶（简称乳胶）、液体橡胶和粉末橡胶四大类。

根据橡胶的性能和用途：除天然橡胶外，合成橡胶可分为通用合成橡胶、半通用合成橡胶、专用合成橡胶和特种合成橡胶。

根据橡胶的物理形态：橡胶可分为硬胶和软胶、生胶和混炼胶等。

根据性能和用途：通用橡胶和特种橡胶。

根据原材料来源与方法：这是最通用的分类，橡胶可分为天然橡胶和合成橡胶两大类。其中，天然橡胶的消耗量占 1/3，合成橡胶的消耗量占 2/3。

1. 天然橡胶

由橡胶树干切割口收集所流出的胶浆，经过去杂质、凝固、干燥等加工程序而形成的生胶材料，如图 3-6 所示。天然橡胶按形态可以分为两大类：固体天然橡胶（胶片与颗粒胶）和浓缩胶乳。在产品使用中，主要采用固体天然橡胶。在综合性能方面优于多数合成橡胶。

2. 合成橡胶

合成橡胶是由石化工业所产生的副产品，依不同的需求，因合成方式的差异，产生不同的胶料。同类胶料可分出数种不同的生胶，又经由配方的设定，任何类型的胶料均可变化成百上千种符合产品需求的生胶材料。合成橡胶的生产工艺大致经过单体的合成和精制、聚合过程及胶后处理三个基本过程。

图 3-6　生胶的提取

3.3　塑料、橡胶的基本特性

3.3.1　塑料材料的基本特性

塑料是以合成树脂为主要成分，在适当的温度和压力下，可以塑成一定的形状，且在常温下保持形状不变的一种合成有机高分子材料。

塑料工业的发展日新月异。塑料产品在整个工业产品中的比例越来越大。从小的按键到大型的车船，从形状简单的圆管到复杂的曲面形体，都可以用塑料制成。这些是由塑料的基本特性与性能决定的。

1. 物理特性

1) 质量特性

塑料是一种轻质材料。普通的塑料密度在 0.83 ~ 2.3g/cm^3 之间，大约是铝材的 1/2，钢材的 1/5。如果用发泡法得到的泡沫塑料，其密度可以小到 0.01 ~ 0.5g/cm^3。

增强塑料与几种金属的比强度相比较，增强塑料比较高。玻璃纤维增强塑料利用这一特点，以塑代钢大量应用于交通工具产品，如汽车产品。目前，在轿车、小型货车、大货车和客车上，塑料常被应用于硬仪表板、保险杠、内饰等许多方面。一般采用聚丙烯 (PP)、聚碳酸酯 (PC)、ABS 树脂、PC/ABS 等一次性注塑成型。例如，汽车仪表板表面，有花纹，尺寸很大，无蒙皮，对表面质量要求很高，对材料的要求是耐湿、耐热、刚性好、不易变形，如图 3-7 所示。

图 3-7　汽车仪表盘

另外，汽车每减轻 125kg 重量，每升油可多跑 1km 的路程。汽车自重减少 1%，可节油 1%；汽车运动部件减轻 1%，可节油 2%。在国际上，车用塑料用量已成为衡量一个国家汽车发展水平的重要标志。目前，欧洲高级轿车塑料使用量达到 150 ~ 250kg/ 辆；民族品牌轿车的塑料用量虽然仅达到 80 ~ 100kg/ 辆，却在以非常惊人的速度增长。据美国平均燃料经济性 (CAFE) 评估：汽车自重每减少 10%，燃油的消耗可降低 6% ~ 8%。塑料正逐渐成为汽车轻量化的最佳材料。

2) 绝缘特性

塑料具有优良的绝缘性能，其相对介电常数低至 2.0（比空气高一倍）。发泡塑料的相对介电常数为 1.2 ~ 1.3，接近空气。常用塑料的电阻通常在 10Ω 范围以内。大多数塑料都有较高的介电强度，无论是在高频还是在低频，无论是在高压还是低压状态下，均具有很好的绝缘性。因此，被广泛地应用在电机、家用电器、仪器仪表、电子器件等工业产品中。此外，塑料还是良好的高频电介质材料，在微波通信、雷达等设备中广泛应用。

3) 比强度、比刚度特性

一般的塑料强度比金属低，但是塑料的密度小，所以塑料与大部分金属的比强度（强度与密度之比）、比刚度（弹性与密度之比）相比，塑料相对高。

因此，在某些要求强度高、刚度好、质量轻的产品领域，如航空航天领域与军事领域，塑料就有着极其重要的作用。例如，碳纤维和硼纤维增强塑料可制成人造卫星、火箭、导弹的结构零部件，同时这也是交通工具类产品大量采用塑料材料的原因。

4) 耐磨性、自润滑特性

塑料的摩擦系数小。所以，具有良好的减少摩擦、耐摩擦的性能。部分塑料可以在水、油和带有腐蚀性的溶液中工作；也可以在半干摩擦、全干摩擦的条件下工作。因此，用塑料制成的传动零件不但能实现"无噪声传动"，而且还能实现"无油润滑"。

5) 热导特性

一般来讲，塑料的导热性是比较低的，一般为 0.17 ~ 0.35W/(M·K)，相当于钢材的 1/75 ~ 1/225。其中，泡沫塑料的微孔中含有气体，其隔热、隔音、防震性更好，如聚氯乙烯 (PVC) 的导热系数仅为钢材的 1/357，铝材的 1/1250。塑料的导热性低、隔热能力强的特点，成为与人身体直接接触类产品的首选材料。可替代陶瓷、金属、木材和纤维等材料在椅类和桌类家具、交通工具的方向盘、日用水具、家电、餐具、厨具、办公产品、手持通信产品等及所有产品把手设计中的使用。

6) 透明特性

有些塑料具有良好的透明性，透光率高达 90% 以上，如有机玻璃、聚碳酸酯等。还有很好的比强度、比刚度，这对于需要透光的产品来说意义重大，它们已替代传统玻璃材料广泛应用于产品设计中，甚至应用在高温高压的航空航天器及深海装备产品上。

7) 可塑特性

塑料的可塑性很好，塑料通过加热（温度一般不超过 300℃）、加压（压力不高）等手段，即可塑制成各式各样、丰富多彩的产品和管、板、薄膜及各种工业产品的零部件等，并使产品具有良好的精度。如果成型前在材料里加入任何颜色的着色剂，就可以使产品带有丰富多彩的颜色。

8) 柔韧特性

有些塑料柔韧如纸张、皮革，而有些塑料经过改性后坚硬如石头、钢材。当受到频繁、高速的机械力振动和冲击时，仍然具有良好的吸震、消声和自我恢复原状的性能。因此，从塑料的硬度、抗拉强度、延伸率和抗冲击强度等力学柔韧性能看，相比于金属等其他材料，塑料的抗冲击强度、减震性能要好得多。这种特性使塑料几乎可以在所有工业产品中使用，如汽车的前后保险杠等。

9) 工艺特性

塑料还具有良好的工艺性能，如焊接、冷热黏合、压延、电镀、材料加色或表面着色等众多优良的工艺特性。成型工艺简单，产品的一致性好，适合大批量连续生产，生产效率高。材料价格低，因此产品成本低。塑料已成为现代工业产品中最重要的基础材料之一。

2. 化学特性

塑料一般都具有良好的化学稳定性。所以，塑料在自然环境中性能稳定，无须做被覆处理。塑料具有很好的抗酸、抗碱、抗盐、抗氧化等化学特性。例如，号称"塑料王"的聚四氟乙烯 (F4)，除了熔融碱金属以外，目前还未找到一种溶剂能使它溶解或者溶胀，它可稳定地存在于强酸、强碱及强氧化剂等腐蚀性很强的介质中，甚至沸腾的"王水"对它都无可奈何。这就使得塑料具有很好的防腐、耐腐性，防护特征明显。因此，能够制成各种防水、防潮、防透气、防腐的工业产品。

另外，由于塑料优良的化学稳定性，在产品包装方面，已经成为替代产品传统包装材料的主要基材，几乎能用于所有工业产品包装，尤其在食品、药品及塑料包装材料方面，如聚对苯二甲酸乙二醇脂 (PET)、高密度聚乙烯 (HDPE)、聚丙烯 (PP) 等；用于食品、药品包装袋和容器，如食品塑料盒与袋、矿泉水瓶、奶瓶、药瓶、食用油与酒瓶、泡面袋与盒等。甚至带有酸碱性的食品，如碳酸饮料瓶、酸奶瓶等。

塑料具有良好的化学稳定性，如抗酸、抗碱、抗盐、抗氧化、耐腐蚀能力极强。这也正是塑料的最大缺陷，导致了严重的环境问题。

3. 塑料的缺陷

塑料的自然降解能力弱、降解慢，有些塑料自然降解需要几百到上千年。虽然塑料废弃物可以进行回收再利用，但由于塑料种类众多，需要分类处理，增加了回收工作的难度。现阶段，再利用率并不高。因此，塑料废弃物主要通过填埋和焚烧的方法处理。而填埋和焚烧对环境依然是一种危害，给环境造成严重的二次污染。昔日被誉为"白色革命"的塑料，而今却成为造成世界"白色污染"的罪魁祸首，对土地、河流、大气造成极大的危害。塑料废弃物不易实现自然降解和回收利用的缺点也使它成为环境的杀手。

塑料成型时不仅收缩比率较高，有些可以高达 3% 以上，而且影响塑料成型收缩率的因素很多，这使得塑件要想获得很高的精准度难度很大，这一点塑料比不上金属。

塑料的耐热性一般都不好。软化温度为 100℃ ~ 200℃，塑料的热膨胀系数高，是传统材料的 3 ~ 4 倍。

塑料虽然不易实现自然降解，但塑料产品容易老化。一方面，在阳光、氧气、高温等条件的作用下，塑料中聚合物的组成和结构发生变化，致使塑料性质恶化，这种现象称为老化而使其失去使用功能被废弃；另一方面，塑料在载荷作用下，会缓慢地产生黏性流动或变形，即发生蠕变现象，且这种变形是不可逆的，从而导致产品尺寸精度的丧失。

虽然塑料产品存在老化、蠕变等问题，但现在科技界正努力通过一定措施、方法、手段，使塑料产品的使用寿命也可以和其他材料媲美，有的甚至能高于传统材料。

塑料大多可燃，也就是防火阻燃能力差，且在燃烧时会产生大量有毒的烟雾。

塑料的这些缺点或多或少地影响或限制了它的应用。但是，随着塑料工业的不断发展和塑料材料科学研究的深入，这些缺点正在被逐渐克服。性能优异的塑料和各种复合塑料材料正在不断涌现。为环保产品的开发打下坚实的材料基础。

3.3.2　橡胶材料的基本特性

1. 物理性能

橡胶在常温下具有很好的耐磨性、绝缘性、耐水性、可塑性。最大特点是具有良好的柔韧性，很高的回弹性、抗撕裂性、扯断强度及伸长率高。伸长率可高达 1000%，而弹性模量仅为软质塑料的 1/30 左右。经过适当处理后还具有耐油、耐酸、耐碱、耐热、耐寒、耐压、耐磨等宝贵的综合物理机械性能。

此外，橡胶还具有密度小、加工性佳，易于与其他材料黏合等许多宝贵的性能。

2. 化学性能

橡胶是高分子化合物，容易与硫化剂发生硫化反应(结构化反应)，溴与氧、臭氧发生氧化、裂解反应，与卤素发生氯化反应，在催化剂和酸的作用下发生化学反应等，并具有与烯类有机化合物的反应特性。大多数合成橡胶材料一般均需经过硫化加工之后，才具有产品的实用性能和使用性能。硫化后的产品化学稳定性较高。这些特性使它成为重要的工业产品材料。

3. 橡胶的缺陷

橡胶及其产品在加工、储存和使用过程中，由于受内外因素的综合作用，如紫外线、氧气、高温、油类、酸碱、溶剂、外力等，而引起橡胶的物理化学性质和机械性能逐渐破坏，导致弹性、强度变低，最后丧失使用价值，这种变化叫作橡胶老化，表现为龟裂、发粘、硬化、软化、粉化、变色、长霉等。

3.4　常见塑料材料

3.4.1　通用塑料

通用塑料价格低，性能可以满足一般产品的使用要求，尤其在生活用品中大量使用，占塑料总产量的 75%～85%。通用塑料的不足之处是力学性能不高，使用温度较低，通常用来制作薄膜、板、管和各种型材，以及日用产品中性能要求不高的结构件和装饰件。常用的通用塑料有如下几种。

1. 聚氯乙烯 (PVC)

性能：聚氯乙烯呈晶状透明质地，是用途最广泛的通用塑料之一。比重较大，为 1.3～1.5g/cm³，熔点为 240℃。质地较硬、耐磨、耐腐蚀性好，机械强度较高，吸水性低，绝缘性能好，有良好的耐寒性能，易熔接，易于机械加工，价格低。缺点是使用温度低，在 60℃以下。注射成型收缩率较大(1%～1.5%)。此外，聚氯乙烯还具有阻燃性能，因为在燃烧时，聚氯乙烯会释放出抑制燃烧的氯原子。聚氯乙烯可以用火焰法鉴别，难以燃烧，离火自灭，是较好的防火材料。

应用：聚氯乙烯用途广泛，具有很好的防水性能和化学性能。所以被广泛用于制造电线、电缆的绝缘层，水管、套管、外延门窗、顶棚板材、铝塑板等型材及浴帘、雨具等产品，以及人造革、薄膜、容器、器具等不接触食品的工业产品。软质的聚氯乙烯以制造薄膜、电线电缆绝缘层为主。硬质的聚氯乙烯用于板材、管材、棒材、贮槽、建筑门窗，以及电器和包装行业，通常也用作输水管和化学工业中的耐腐蚀管道。图 3-8 所示为聚氯乙烯材料雨具；图 3-9 所示为聚氯乙烯人造革。

图 3-8 聚氯乙烯材料雨具

图 3-9 聚氯乙烯人造革

2. 聚乙烯 (PE)

性能: 聚乙烯在塑料工业中产量最大。手触似蜡,因而又称为高分子石蜡。它的密度为 0.91 ~ 0.96g/cm³,比水轻、无毒。聚乙烯是不透明或半透明、质轻的结晶性塑料,有一定的机械强度,具有优良的耐低温性能 (最低使用温度可达 −100℃ ~ −70℃),耐水性、电绝缘性、化学稳定性好,能耐大多数酸碱的侵蚀,易于机械加工,成型加工性好。其缺点是耐高温性、耐光、耐氧化性能差、不阻燃、成型收缩率大 (1.5% ~ 3.5%),难以掌握成品的尺寸精度,在日光照射下发生氧化,这对产品强度有一定影响。

聚乙烯成型性能好,可采用注、挤、吹等方法成形;流动性很好,且对压力变化敏感;冷却速度慢;收缩范围及收缩值大,方向性明显,易变形翘曲。

应用: 聚乙烯是结构简单的高分子聚合物,也是应用最广泛的高分子材料。聚乙烯有两种,一种是高密度聚乙烯 (俗称高压聚乙烯)。有较高的耐温、耐油性、耐蒸汽渗透性及抗环境应力强,此外电绝缘性和抗冲击性及耐寒性能很好,质地较硬、韧、有弹性,抗冲击强度和防渗透性较好,主要应用于吹塑、注塑,也适合制作中空的吹塑产品。另一种是低密度聚乙烯 (俗称低压聚乙烯),质地较软,多用于制造塑胶袋、塑料薄膜和要求柔软的产品。

聚乙烯无毒,可用作与食品接触的材料,如液体食品包装瓶、袋、盒及儿童玩具产品。在工业产品中还可制成日用产品,如家用器皿、水具、餐具、容器等中空产品。改性的聚乙烯,超高分子聚乙烯具有优异的综合性能,可作为工程塑料使用,适合于制作减震、耐磨及传动零部件,如图 3-10 所示。

图 3-10 聚乙烯儿童玩具

3. 聚苯乙烯 (PS)

性能：聚苯乙烯是热塑性非晶形塑料。常温下为无色透明珠状或颗粒状。产量仅次于聚乙烯、聚氯乙烯，位居第三。比重为 1.04 ~ 1.05g/cm³。原材料无味、无毒、无色透明，它的透光率仅次于有机玻璃，有一定的钢性；耐水不吸潮，耐化学腐蚀，绝缘性能好。成型加工容易，成型收缩率仅为 0.5% ~ 0.7%，产品尺寸精度高。但质脆强度一般，耐冲击性差，表面硬度也差。使用温度低于 75℃，热变形维度为 65℃ ~ 89℃。热分解温度为 300℃，不阻燃，能燃烧，燃烧时发出浓黑的烟和特殊的臭味，放出气体有轻微毒性。聚苯乙烯染色性能非常好，制品表面富有光泽，但在紫外线作用下易变色，所以适宜制作室内产品。

应用：聚苯乙烯产品的外观特性好，常用于日用产品、儿童玩具、办公用品、小家电产品外壳的装饰件和透明件。也常用于仪器、仪表、电器元件、电视产品，在聚苯乙烯树脂中加入能分解的发泡剂，制成泡沫塑料（俗称保力隆）。可用作包装衬垫和隔热、隔声材料，如电冰箱的隔热层，建筑材料的"泰柏板"、救生衣、浮标等，如图 3-11 所示。

图 3-11　填入泡沫塑料的儿童救生衣

4. 聚丙烯 (PP)

性能：聚丙烯俗称"百折胶"，属于结晶性塑料，是由丙烯聚合而得的热塑性塑料。通常为无色，半透明固体，无臭无毒，聚丙烯是常用塑料中最轻的，耐热性能最好的。比重为 0.9g/cm³，可以在 100℃ 以上使用。目前，聚丙烯的世界总产量仅次于聚乙烯、聚氯乙烯、聚苯乙烯而居第四位。性能熔融温度为 160℃。外观特征类似聚乙烯，但比聚乙烯的质地稍脆一些，机械性能优于聚氯乙烯和聚乙烯。耐腐、强度、刚性和透明性也都比聚乙烯好。耐油、耐强酸（强硝酸除外）、耐强碱性能优良，化学稳定性和电绝缘性能都好。制品表面光泽度好，几乎不吸收水。缺点是耐低温冲击性差、易老化、耐候性差、静电性高、染色性及耐磨性差。收缩率大（1% ~ 2.5%），对一些尺寸精度较高的零件，难以达到要求。但可分别通过改性和添加助剂来加以改进其性能。

聚丙烯的成型加工性能好，可用注射、挤塑、中空吹塑、熔焊、热成型、机加工、电镀、发泡等成型加工方法制成不同产品。聚丙烯的流动性较好，且对压力和温度敏感。由于冷却速度快时生成小晶粒，慢时生成大晶粒，而熔体流入模腔时总是表面先冷却，因此，塑料内部的晶粒比表面的粗大，在厚壁或大尺寸制作中表现得尤为明显。

应用：聚丙烯的综合性能比较好，既可做结构件，也可用于外观件。因为无毒，在生活产品中广泛应用。可吹塑瓶、杯、薄膜，可制作软食品包装，用于微波炉的食品器皿。可用于药品容器及一次性注射器。由于耐反复折弯的能力强，适合做塑料"铰链"。可以纺丝制成高分子合成纤维丙纶和腈纶，用来制作服装、毛毯、地毯、渔网等。聚丙烯材料的其他用途是用于粉末涂料、液体涂料等。聚丙烯的用途主要有：一是用于制备塑料制品用底漆和塑料表面装饰涂料的附着力促进剂，特别是轿车保险杠、轮毂盖、电视机机壳等民用与工业用塑料器具的涂装；二是大量用作塑料表面印刷油墨树脂；三是作防腐涂料树脂，用于钢材、铝材等金属材料防腐。

聚丙烯是一种来源广、价格低廉的通用性塑料，有着非常广泛的用途。但由于脆性大（特别是低温脆性），与其他高分子（如塑料、橡胶）和无机填料的共混性及黏结力很差，限制了其在一些领域的应用。经过改性的聚丙烯性能得到改善，材料的整体热稳定性和局部抗热能力得以提高，可用来制造可蒸煮的包装材料等。汽车保险杠的外板和缓冲材料越来越多地使用改性聚丙烯材料，具有一定的强度、韧性、刚性和装饰性。从安全上看，汽车发生碰撞事故时能起到缓冲作用。从外观上看，可以很自然地与车体结合在一起，浑然一体，具有很好的装饰性，成为装饰轿车外形的重要部件。改性产品作为聚丙烯的功能化产品，可大大拓宽聚丙烯的应用领域，有着广泛的市场和应用前景，如图 3-12 所示。

5. 丙烯腈─丁二烯─苯乙烯共聚物 (ABS) 树脂

性能：是丙烯腈─丁二烯─苯乙烯的共聚树脂的三元共聚物，简称 ABS 树脂。这种塑料由于其组分 A(丙烯腈)、B(丁二烯) 和 S(苯乙烯) 在组成中比例不同，以及制造方法的差异，其性质也有很大的差别，比重为 $1.1g/cm^3$。它的综合性能很好，机械强度较高，有较好的抗冲强度和一定的耐磨性，电绝缘性能好，不易变形、耐水、耐油、耐寒，在 −40℃ 仍有一定的强度，热变形温度为 65℃ ～ 107℃。制品表面光泽度高，ABS 树

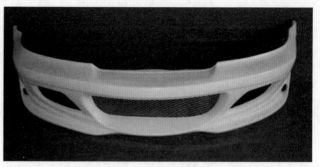

图 3-12　聚丙烯改性材料的汽车保险杠

脂是有限的几种表面可以镀铬的塑料。不足之处是耐候性差，耐紫外线、耐热性不高、不阻燃。在室外长期暴露容易老化、变色，甚至龟裂，从而降低了冲击强度和韧性。但 ABS 塑料价格适中，发展最快，应用前途最大。

ABS 树脂是无定形聚合物，就像聚苯乙烯一样，有优良的加工性能。可注射、吸塑、挤压、压延、热成型，也可以进行二次加工，如机械加工、焊接、黏结、涂漆、电镀等。

应用：由于综合性能好，ABS 树脂用途广泛。一般产品的外观件和结构件均可使用，几乎涉及所有的工业产品领域。在汽车产品中，众多主要零部件都使用 ABS 树脂或 ABS 合金制造，如仪表板、车灯、保险杠、通风管、车身外板、内外装饰、水箱面罩、方向盘等。ABS 塑料在汽车产品上有着极其重要的地位。汽车档次越高，ABS 塑料及其合金材料的用量也越多，如图 3-13 所示。

图 3-13　ABS 材料制作的车灯壳体

电子电器产品方面，ABS 塑料应用于电冰箱、电视机、洗衣机、空调器、复印机、计算机及键盘等产品的外壳、结构件、零部件及内衬。日用产品有鞋帽、箱包、玩具、家具、容器及办公设备、体育和娱乐用品等产品，以及各种相应的拉手、旋钮等零部件。在建材与包装领域乃至航空、航天、军工和国防工业等领域应用也有重要的用途，其发展空间非常广阔。另外，ABS 树脂也是产品设计手工手板制作模型的首选材料。

3.4.2　工程塑料

工程塑料是指可以用作工程结构的材料，这类材料能承受一定的外力作用，并有良好的机械、化学性能和尺寸稳定性，在高、低温下仍能保持其优良性能，可以在较为苛刻的物理、化学环境中使用。

工程塑料的生产工艺过程复杂，生产批量较小，因此价格昂贵，限制了使用范围。工程塑料不但具有通用塑料的一般性能，其强度和使用温度等性能均高于通用塑料。工程塑料成型相对加工容易，生产效率高，可代替金属、木材等材料制作结构件、传动件和有特殊性能要求的零部件。例如，聚砜塑料具有无毒、透明、耐离子辐射的性能，用来制造宇航服和宇航员的透明面罩。现在工程塑料也用来制作高档的日用产品，如用环氧树脂制作灯具、用聚碳酸酯塑料制造水杯和自行车车圈、用三聚氰胺甲醛树脂制造餐具、防火板等。

工程塑料种类繁多，有聚甲醛、聚碳酸酯、聚酯、聚四氟乙烯、聚酰胺 (尼龙)、聚苯醚、AS 塑料和热固性树脂等。改性聚丙烯、ABS 树脂等也包括在这个范围内，常用的有以下几种。

1. 聚酰胺 (PA)

性能：与一般塑料相比，具有摩擦系数小、优良的耐磨性与自润滑性；韧性大、抗拉强度高；耐疲劳、耐候性好；耐弱酸碱、耐油、无毒、电绝缘性能优良，并有自熄性等优点。其主要品种包括聚酰胺-6、聚酰胺-66、聚酰胺-11、聚酰胺-12、芳香族聚酰胺等品种，常用的是聚酰胺-6 和聚酰胺-66。缺点是导热率低，吸水性大，易受湿度影响，产品尺寸收缩率大，染色性能较差。

聚酰胺易成型，在众多聚酰胺材料中，聚酰胺-6 具有优良的耐磨性和自润滑性，耐热性和机械强度也比较高。对于其成型工艺，因其为结晶性塑料，成型收缩率大。因此，对于聚酰胺-6 注塑成型一般选用螺杆式注射机进行注塑。

应用：聚酰胺作为工程塑料，产量居五大工程塑料之首，大量代替了传统金属结构材料用于耐磨受力的结构部件和传动部件。已经广泛应用于机械、交通、仪器仪表、电器、电子、通信、化工及医疗器械和日用产品中，如制作齿轮、轮滑、蜗轮、滚子、风扇叶片、衬套、阀座、注油容器、拉链等，如图 3-14 所示。

聚酰胺纤维，就是常说的锦纶，强度大，柔软有弹性，质比棉花轻，可做服装、过滤器、降落伞、宇航服等。

图 3-14　聚酰胺-66 制作的手电钻外壳

2. 聚碳酸酯 (PC)

性能：聚碳酸酯是无色透明、无毒、无味、刚硬且带韧性的热塑刚性体聚合物，综合力学性能良好，具有突出的抗冲击韧性和抗蠕变性能，是塑料中抗冲击韧性最好的材料，俗称"防弹玻璃胶"。耐热性较高，可在 130℃下连续使用。耐寒性也好，脆化温度达到 -130℃，燃烧慢、离火后慢熄。化学稳定性较好，对稀酸、盐溶液、汽油、润滑油、皂液都很稳定，成型收缩率小（0.5%～0.7%），成品精度高，尺寸稳定性好。因此，作为工程塑料而被广泛应用。但是，聚碳酸酯不耐强酸、碱、酮、芳香烃等有机溶剂。聚碳酸酯本身无自润滑性，与其他树脂相容性较差，也不适合制造带有金属嵌件的制品。聚碳酸酯适用于注塑、挤塑、吹塑等成型工艺。

应用：在机械设备方面，聚碳酸酯可替代金属制造负荷小的结构零件和传动零件，如齿轮、齿条、叶轮、涡轮、轴承、螺栓及阀门、管件等。聚碳酸酯的绝缘等级较高，在电子、电器和通信等产品中做接插绝缘零部件与 CD 光盘等，如图 3-15 所示。由于透光率高、重量轻、不易破裂，易于用切割、钻孔、粘接等常规方法加工。应用领域极其广泛，可以替代玻璃、钢化玻璃、有机玻璃材料，广泛应用于航空航天、交通工具、照明产品、建筑装饰、家庭日用产品、医疗器械等方面。

聚碳酸酯板材，特别是中空板，可制作阳光板、公路的隔声板、警用盾牌等。在医疗器械领域，可制造注射器等，也可吹制杯、瓶等中空容器。在食品医疗方面，由于耐高温、无毒，聚碳酸酯制品可进行高温蒸汽消毒，适合制作医疗器械、清洁容器、食品包装等，如图 3-16 所示。

图 3-15　聚碳酸酯光盘

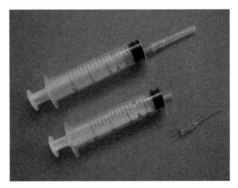

图 3-16　聚碳酸酯注射器

3. 聚甲醛 (POM)

性能：是乳白色不透明的塑料，抗磨性、回弹性及耐热性等性能优良。有很高的硬度与刚度，而且耐多次重复冲击，强度变化很小。不但能在反复的冲击负荷下保持较高的冲击强度，同时强度值较少受温度和温度变化的影响。因其内部的内聚能高，所以聚甲醛耐磨性好。聚甲醛是热塑性材料中耐疲劳性最优越的品种。但聚甲醛吸水率大于 0.2%，成型前应预先干燥。聚甲醛熔融温度与分解温度相近，成型性较差。

应用：聚甲醛通过注塑法广泛用于制造机械部件，还可以做弹簧，是典型的工程塑料。也可进行挤出、吹塑、滚塑、焊接、黏结、涂膜、印刷、电镀、机加工。其中，注塑是最重要的加工方法。

聚甲醛强度高、质轻，为常用建材来代替铜、锌、锡、铅等有色金属，广泛用于工业机械、汽车、电子电器、日用产品、管道及配件、精密仪器等方面。聚甲醛还被广泛用于制造各种滑动、转动机械零件，如汽车内外部把手、曲柄等车窗转动部件、叶轮燃气开关阀；各种齿轮、杠杆、滑轮、链轮、辊子；特别适宜做轴承、热水阀门、精密计量阀；电子开关零件、接线柱、仪表钮、卷轴、按钮；各种农业喷灌系统的管道，以及喷头、水龙头、洗浴盆零件；动力工具；另外可作为冲浪板、帆船及各种雪橇零件；手表微型齿轮、体育设备的框架，如图 3-17 所示。

4. 聚苯醚 (PPO)

性能：聚苯醚是 20 世纪 60 年代发展起来的高强度工程塑料，耐高温达到 120℃，且在很宽的温度范围内，收缩率小，尺寸稳定，吸湿性很小。聚苯醚的弱点是耐光性差，其产品长时间在阳光或荧光灯下使用会产生变色，颜色发黄。其原因是紫外线能使芳香族醚的链接合分裂，导致颜色的变化。

应用：聚苯醚制品容易发生应力开裂，抗疲劳强度较低，而且熔体流动性差，成型加工困难，价格较高。大多使用改性聚苯醚(MPPO)，由于改性聚苯醚具有优良的综合性能和良好的成型加工性能，所以广泛用在电子、电器部件、医疗器具、照相机和办公器具等方面，如图 3-18 所示。

图 3-17　冲浪板

图 3-18　表面涂饰后的聚苯醚的照相机壳体

5. 聚氨酯 (PU)

性能：全称为聚氨基甲酸酯。性能可调范围宽、机械强度大、适应性强。耐磨、耐黏结、耐油、耐老化、耐低温性、耐候性好，且使用寿命长，并具有优良的复原性，即弹性。目前，聚氨酯材料主要以泡沫塑料为主。聚氨酯泡沫塑料是良好的隔热、隔声和减振材料，有软质和硬质两种。其次是制作弹性材料，如合成革、涂料和胶粘剂，用聚氨酯制作的胶粘剂黏合力很强。图 3-19 所示为达利红唇沙发。

应用：软聚氨酯泡沫塑料通常用于家具及车辆坐垫、玩具、空气滤清器、音箱吸声材料等。硬聚氨酯泡沫塑料用作冷藏柜、建筑、管道的隔热材料。聚氨酯弹性材料可制作鞋底，以及代替橡胶制作传动带、轧辊、无声齿轮等。聚氨酯可以制作合成革和运动场铺地材料。聚氨酯胶粘剂，黏合力很强，且低温性能是其他材料无法相比的。可黏结金属、木材、橡胶、塑料、玻璃、陶瓷、皮革等，几乎任何材料都可黏结，应用广泛。聚氨酯胶黏合剂有单组分和双组分两种黏合剂。

泡沫塑料还是制作工业产品模型的理想材料，但由于材质较软、颗粒粗，不宜制成精细的荷重模型，适合制作草模型。图 3-20 所示为涂饰后的聚氨酯材料制作的车模型。

图 3-19　达利红唇沙发

图 3-20　涂饰后的聚氨酯材料制作的车模型

6. 热固性树脂

环氧树脂、不饱和聚酯树脂及酚醛树脂被称为三大通用型热固性树脂。它们是热固性树脂中用量最大、应用最广的品种。与其他热固性树脂相比较，环氧树脂、不饱和聚酯树脂的种类和牌号最多，性能各异。环氧树脂固化剂的种类更多，再加上众多的促进剂、改性剂、添加剂等，可以进行多种多样的组合和组配。从而能获得各种各样性能优异的、各具特色的环氧固化体系和固化物。几乎能适应和满足各种不同使用性能和工艺性能的要求，这是其他热固性树脂所无法相比的。

热固性树脂及其固化物的性能如下。

● 力学性能高。尤其是环氧树脂具有很强的内聚力，分子结构致密，所以它的力学性能高于酚醛树脂和不饱和聚酯等通用型热固性树脂。

● 黏结性能优异。它的黏结性能特别强，可用作结构胶。

● 固化收缩率小和线胀系数小。环氧树脂固化收缩率为 0.2% ～ 0.4%，是热固性树脂中固化收缩率最小的品种之一，其产品尺寸稳定性好，内应力小，不易开裂。

● 工艺性好，配方设计的灵活性很大，可设计出适合各种工艺性要求的配方。

● 绝电性能好，可用作绝缘材料，并且高频介电性能好，常用作印制电路板和微波天线支架。

● 稳定性好，耐腐蚀性好，尤其适合室外环境使用。

● 环氧固化物的耐热性一般为 80℃ ～ 100℃。环氧树脂的耐热温度可达到 200℃或更高。

在三大通用型热固性树脂中，环氧树脂的价格偏高，从而在应用上受到一定的影响。但是，由于它的性能优异，所以主要用于对使用性能要求较高的产品，尤其是对材料综合性能要求较高的领域。不同的环氧树脂固化体系分别能在低温、室温、中温或高温中固化，能在潮湿表面，甚至在水中固化，能快速固化，也能缓慢固化，所以它对施工和制造工艺的要求适应性很强。环氧树脂应用中的最大特点是具有极大的配方设计灵活性和多样性，能按不同的使用技术条件和工艺性能的要求，设计出针对性很强的最佳配方。相同的配料配方设计和工艺设计是环氧树脂应用技术的关键。

环氧树脂的综合性能极佳，尤其是具有优良的电绝缘性能，从而使它在电子电气领域得到了广泛的应用。适用于电子元器件的绝缘封装及浇注，用作印制电路板的基材。由于环氧树脂的配方种类多，因此环氧树脂黏合剂的种类非常多，几乎所有的材料都可以用环氧树脂胶黏结，并在飞机、汽车的制造中逐渐用黏结技术代替传统的焊接、铆接工艺，使整车的综合性能得到提高。

环氧树脂防腐涂料、功能性涂料和环保型涂料，将会在汽车工业（如水性环氧树脂电泳涂料）、家电行业、食品行业（如罐用涂料）、化学工业（如防腐涂料）、建筑行业（如地坪涂料、建筑胶粘剂、环氧砂浆及混凝土）等应用领域获得突破性应用。

不饱和聚酯树脂是主要用于玻璃钢的基本材料。不饱和聚酯树脂品种较多，若按其性能及用途来划分，可分为通用型、阻燃型、耐腐蚀型、透光型、耐热型、耐化学型及人造玛瑙、大理石用、宝丽板用、卫生洁具用、船艇用、纽扣用、模具用等树脂品种。不饱和聚酯树脂使用范围很广，尤其是玻璃钢制品，与传统的金属材料及非金属材料相比，玻璃钢材料及其产品具有强度高、性能好、节约能源、产品设计自由度大，以及产品使用适应性广等特点。图 3-21 所示为玻璃钢船体游艇。

图 3-21　玻璃钢船体游艇

工程塑料是具有优异机械性能、电性能、化学性能及耐热性、耐磨性、尺寸稳定性等一系列特点的材料。工程塑料的特殊性能以塑代木和代替金属已成为材料工程领域中的潮流。与金属材料相比有许多优点，成型工艺简单、生产效率高、节约能源。由于性能好，因此用在电器产品，如吸尘器、电吹风机、洗衣机等家电产品中，解决电绝缘问题就变得简单了。工程塑料虽然质量轻，比重为 $1.0/cm^3 \sim 1.4/cm^3$，比铝轻一半，比钢轻 3/4，但是强度高，具有耐磨、耐腐蚀性等，是良好的金属制件与产品更新换代材料。具有新的性能的工程塑料不断出现，通过工程塑料的合金化及复合化得到耐高温、高强度的超级工程塑料，已研制成功并得到广泛应用（见第 7 章新材料），有些塑料有着惊人的抗酸腐蚀性和耐高温特性，还能填充到玻璃、不锈钢等材料中，制成特别需要高温消毒的（如医疗器械、食品加工机械等）产品。

由于生产和使用工程塑料能大量节省资源与能源，国际上把工程塑料作为材料科学的重要项目竞相发展，是公认的化工高新技术领域和新的经济增长点，也已成为高新技术工业产品开发重要的基础材料，是衡量一个国家化工乃至科技发展水平的重要标志。

3.4.3　特种塑料

特种塑料也称为高性能工程塑料，是指综合性能更高、更优异，长期使用温度在 150℃以上的工程塑料，即使在高温、高压、高腐蚀下，其分子链仍能保持相对固定的排列，具有刚性骨架的特种工程塑料 (SEP)、超级工程塑料、高性能热塑性塑料和高性能聚合物材料，主要是满足用于高科技、电子、航空、航天、军工等领域工业产品的材料。有些属于新材料范畴，如氟塑料和有机硅具有突出的耐高温、自润滑等特殊功用；增强塑料和泡沫塑料具有高强度、高缓冲性等特殊性能。

特种工程塑料主要包括聚苯硫醚 (PPS)、聚酰亚胺 (PI)、聚砜 (PSF)、聚芳酯 (PAR) 和液晶聚合物 (LCP)。

1. 聚苯硫醚 (PPS)

性能：聚苯硫醚全称为聚苯基硫醚，是分子主链中带有苯硫基的热塑性塑料。聚苯硫醚是结晶型 (结晶度 55% ~ 65%) 的高刚性白色粉末聚合物，耐热性高 (连续使用温度达到 240℃)、机械强度、刚性都很好；难燃、耐化学药品性强；电气特性、尺寸稳定性都好的塑料。耐磨、抗蠕变性优；流动性好，易成型，成型时几乎没有缩孔凹斑。

应用：聚苯硫醚可用于电子电气工业上作为连接器、绝缘隔板、开关；齿轮、活塞环贮槽、叶片阀件；钟表零部件、照相机部件；分配器部件，电子电气组等零件；家电部件有磁带录像机结构部件、晶体二极管；另外还用于宇航、航空工业等领域。

2. 聚酰亚胺 (PI)

性能：聚酰亚胺是目前特种工程塑料中耐热性最好的品种之一。其中，有的品种可长期承受 290℃ 的高温，短时间承受 490℃ 的高温。另外，力学性能好、耐疲劳性能强、难燃、尺寸稳定性和电性能好、成型收缩率小；耐油、耐一般的酸和有机溶剂、不耐碱；有优良的耐摩擦，磨耗性能低。

应用：聚酰亚胺成型方法包括压缩模塑、浸渍、注塑、挤出、压铸、涂覆、流延、层合、发泡、传递模塑。聚酰亚胺在航空、汽车、电子电气、工业机械等方面均有应用。可做发动机供燃系统零件、喷气发动机元件、压缩机和发电机零件、扣件、花键接头和电子联络器；还可做汽车发动机部件、轴承、活塞套、定时齿轮；电子工业上做印制电路板、绝缘材料、耐热性电缆、接线柱、插座；机械工业上做耐高温自润滑轴承、压缩机叶片和活塞机、密封圈、设备隔热罩、止推垫圈、轴衬等。

3. 聚砜 (PSF)

性能：聚砜为透明琥珀色或不透明象牙色的固体塑料。聚砜是 20 世纪 60 年代中期出现的一种热塑性高强度工程塑料，具有优良的介电性。难燃，离火后自行熄灭，且冒黄褐色烟，燃烧时熔融而带有橡胶焦味。图 3-22 所示为聚砜材料。

图 3-22　聚砜材料

聚砜在成型过程中对剪切速度不敏感，黏度较高，易获得质地均匀的产品。聚砜易进行规格和形状的调整，适合于挤出成型的异型产品。

应用：聚砜的众多性能均能取代多种塑料，特别是其耐高温的特性，同时也可代替玻璃和金属 (如不锈钢、黄铜、镍)。其优点就是质量轻，且成本低。聚砜广泛应用于电子电气领域、汽车及航空领域、视频加工领域和医疗器械领域。此外，它还适合于制作清洁设备管道、蒸汽盘、波导设备元件、热发泡分散器、污染设备及过滤隔膜。它也可以用来制作汽车、飞机等要求耐热而有刚性的机械零件。

4. 聚芳酯 (PAR)

性能：聚芳酯是一种耐热性好、使用温度范围较广，可在 −70℃ ~ +180℃温度下长期使用的特种工程塑料，也是阻燃性良好的热塑性特种工程塑料。聚芳酯的软化温度与热分解温度 (443℃) 相差较远，故可方便地采用注塑、挤出、吹塑等加热熔融的加工方法。它的机械性能和电性能优异，有突出的耐冲击性和高回弹性。对一般有机药品、油脂类稳定，也能耐一般稀酸，但不耐氨水、浓硫酸及碱，易溶于卤代烃及酚类。图 3-23 所示为聚芳酯材料。

图 3-23　聚芳酯材料

应用：由于聚芳酯的耐热性与电性能好，所以主要用于耐高温的电气、电子和汽车工业方面的元件和零部件，也常用作医疗器械。它可在溶液中成膜和纺丝，制成薄膜及纤维，前者用于 B 级 (130℃) 的电机电器绝缘；后者用作耐高温纤维。聚芳酯还可用于挤出成型而成的板材和管材。对于聚芳酯的性能的提升，可采用玻璃纤维增强以提高聚芳酯的耐热性；也可用碳纤维改性改进其耐药品性；与聚四氟乙烯共混以提高其耐磨耗性。

5. 液晶聚合物 (LCP)

性能：首先，液晶聚合物具有自增强性，因其具有异常规整的纤维状结构特点，故不增强的液晶塑料即可达到甚至超过普通工程塑料用百分之几十玻璃纤维增强后的机械强度及其模量的水平。其次，液晶聚合物还具有优良的热稳定性、耐热性及耐化学药品性。对大多数塑料存在的蠕变特点，液晶材料可以忽略不计，而且耐磨、减磨性均优异。液晶聚合物具有优良的电绝缘性能，其介电强度比一般工程塑料高，耐电弧性良好。在连续使用温度达到 200℃ ~ 300℃时，其电性能不受任何影响。间断使用温度可达 316℃左右。最重要的是，液晶聚合物具有突出的耐腐蚀性能。以液晶聚合物为原材料的产品在浓度为 90% 酸及浓度为 50% 碱存在下不会受到任何侵蚀；对于工业溶剂、燃料油、洗涤剂及热水，接触后不会被溶解，也不会引起应力开裂。

应用：电子电气是液晶聚合物的主要市场。电子电气的表面装配焊接技术对材料的尺寸稳定性和耐热性有很高的要求 (需能经受表面装配技术中使用的气相焊接和红外焊接)。例如，印制电路板、人造卫星电子部件、喷气发动机零件、汽车机械零件、医疗方面。图 3-24 所示为印制电路板。

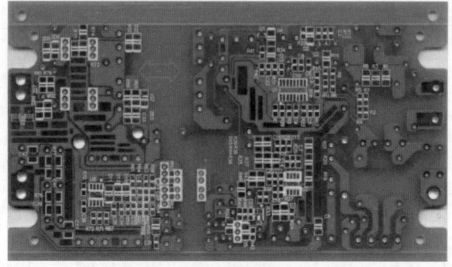

图 3-24　印制电路板

3.5 常用橡胶材料

3.5.1 天然橡胶

前面已对天然橡胶的性能进行过讲述，下面只对应用进行讲述。

天然橡胶在工业产品中用途极为广泛。例如，医疗卫生行业所用的外科医用手套、输血管、避孕套等；在交通工具产品上用于所有轮胎、扭振消除器、发动机减震器、机器支座、汽车发动机系统密封件、油管等。工业上使用的传送带、运输带、耐酸和耐碱的胶管、胶带、电线电缆的绝缘层和保护套；农业上使用的排灌胶管、氨水袋；科学试验用的密封、防震设备、探空气球等；体育运动中常见的各种皮球内胆、乒乓球拍海绵胶面、游泳足蹼；文具用品的钢笔笔胆、橡皮、橡胶捆扎带、橡皮线、橡胶印、橡皮布垫等，日常生活产品中使用的防水雨具、皮包、鞋帽、儿童玩具、海绵坐垫、床垫、暖水袋、松紧带；甚至在国防产品、航空航天等尖端科学技术产品上都离不开天然橡胶，如图 3-25 和图 3-26 所示。

图 3-25 轮胎

图 3-26 胶鞋

3.5.2 合成橡胶

合成橡胶是由人工合成的有机高分子高弹性聚合物，在很宽的温度范围内都具有很好的弹性，因此又称为高弹体。合成橡胶一般在性能上不如天然橡胶全面，但它在某些方面具有更高更好的弹性、绝缘性、气密性、耐油、耐高温、耐低温等特殊性能，因而广泛应用于工农业、国防、交通及日常产品中。

工业产品中使用的橡胶大多为合成橡胶，合成橡胶种类很多，按用途可分为通用合成橡胶、特种合成橡胶两种。

1. 通用合成橡胶

主要通用合成橡胶有：丁苯橡胶 (SBR)、顺丁橡胶 (BR)、异戊橡胶 (IR)、氯丁橡胶 (CR)、乙丙橡胶 (EPM/EPDM)、丁基橡胶 (IIR)、丁腈橡胶 (NBR) 等众多种类。

通用合成橡胶的性能与天然橡胶相近，用于制造轮胎、减震器、密封件、织物涂层、乳胶制品、胶粘剂、生活用品等通用橡胶产品。例如，用氯丁橡胶及另一种具有天然橡胶各种性能的异戊橡胶制作汽车配件；汽车轮胎用非常耐磨的丁苯橡胶，以提高它的耐磨性；与空气接触的内胎用丁基橡胶制作，它有很好的绝缘性，尤其具有很高的不透气性能。

1) 丁苯橡胶 (SBR)

性能：丁苯橡胶是丁二烯和苯乙烯的共聚体，其使用温度范围为 -50℃ ~ +100℃。性能接近天然橡胶，是目前产量最大的通用合成橡胶。优点是：耐磨性、耐老化和耐热性超过天然橡胶，质地也较天然橡胶更均匀。缺点是：弹性较低，抗撕裂性能较差；加工性能差，特别是自黏性差，生胶强度低。

应用：主要用于代替天然橡胶制作轮胎、胶板、胶管、胶鞋及其他通用产品。

2) 顺丁橡胶 (BR)

性能：顺丁橡胶是由丁二烯聚合而成的顺式结构橡胶。使用温度范围为 $-60℃ \sim +100℃$。优点是：弹性与耐磨性优良，耐老化性好，耐低温性优异。在动态负荷下发热量小，易于金属黏合。缺点是：强度较低、抗撕裂性差、加工性能与自黏性差。

应用：大多数和天然橡胶或丁苯橡胶并用，主要制作轮胎胎面、运输带和特殊耐寒产品。

3) 异戊橡胶 (IR)

性能：异戊橡胶是由异戊二烯单体聚合而成的一种顺式结构橡胶。化学组成、立体结构与天然橡胶相似，具有天然橡胶的大部分优点，性能也非常接近天然橡胶，耐老化优于天然橡胶，故有合成天然橡胶之称。但弹性和强力比天然橡胶稍低，加工性能差，成本较高。使用温度范围为 $-50℃ \sim +100℃$。

应用：可代替天然橡胶制作轮胎、胶鞋、胶管、胶带及其他通用产品。

4) 氯丁橡胶 (CR)

性能：氯丁橡胶是由氯丁二烯做单体乳液聚合而成的聚合体。使用温度范围为 $-45℃ \sim +100℃$。这种橡胶分子中含有氯原子，所以与其他通用橡胶相比，具有优良的抗氧、抗臭氧性、不易燃、着火后离开火源能自熄；耐油、耐溶剂、耐酸碱及耐老化、气密性好等优点；其物理机械性能也比天然橡胶好，故可用作通用橡胶，也可用作特种橡胶。主要缺点是耐寒性较差、相对成本高、电绝缘性不好。此外，生胶稳定性差，不易保存。

应用：主要用于制造要求抗臭氧、耐老化性高的电缆护套及各种防护套、保护罩；耐油、耐化学腐蚀的胶管、胶带和化工设备产品衬里；耐燃的地下采矿设备用的橡胶制品，以及各种模压制品、密封圈、垫、黏合剂等。

5) 乙丙橡胶 (EPM/EPDM)

性能：乙丙橡胶的使用温度范围为 $-50℃ \sim +150℃$。它具有抗臭氧、耐紫外线、耐老化性等优异特性，居通用合成橡胶之首。电绝缘性、耐化学性、冲击弹性很好，耐极性溶剂——酮、酯等，但不耐脂肪烃和芳香烃。其他物理机械性能略次于天然橡胶而优于丁苯橡胶。缺点是自黏性和互黏性很差，不易黏合。

应用：主要用于化工设备衬里、电线电缆绝缘层包皮、蒸汽胶管、耐热运输带、汽车用橡胶制品及其他工业产品。

2. 特种合成橡胶

特种合成橡胶一般较通用橡胶有一项或多项的特殊性能，如耐热性、耐寒性、耐油性、耐绝缘性等特殊要求的性能。可以满足一般通用橡胶所不能达到的特定要求，在国防、工业、尖端科学技术、医疗卫生等领域有着重要作用。主要特种合成橡胶有：丁基橡胶 (IIR)、丁腈橡胶 (NBR)、氢化丁腈橡胶 (HNBR)、硅橡胶 (Silicone Rubber)、氟橡胶、聚丙烯酸酯橡胶 (ACM)、聚氨酯橡胶 (UR) 等众多品种。

1) 丁基橡胶 (IIR)

性能：丁基橡胶 (IIR) 是异丁烯和少量异戊二烯或丁二烯的共聚体。使用温度范围为 $-40℃ \sim +120℃$。优点是：气密性好，耐臭氧、耐老化性能好，耐热性较高，可在 130℃温度下长期工作；能耐无机强酸 (如硫酸、硝酸等) 和一般有机溶剂；吸振和阻尼特性良好，电绝缘性也非常好。缺点是：弹性差、加工性能差、硫化速度慢、黏着性和耐油性差。

应用：主要用于内胎、水胎、气球、各种密封垫圈、电线电缆绝缘层、化工设备衬里及管道、输送带及防震制品、耐热运输带、耐热老化的胶布制品。

2) 丁腈橡胶 (NBR)

性能：丁腈橡胶是丁二烯和丙烯腈的共聚体，如图 3-27 所示。其使用温度范围为 $-30℃ \sim +100℃$。优点是：耐汽油和脂肪烃油类的性能特别好，仅次于聚硫橡胶、丙烯酸酯和氟橡胶；而优于其他通用橡胶。其耐热性好，气密性、耐磨及耐水性等均较好，黏结力强。缺点是：耐寒及耐臭氧性较差、强力及弹性较小、耐酸性差、电绝缘性不好、耐极性溶剂性能也较差。

应用：主要用于制造各种耐油制品，如耐油管、胶带、橡胶隔膜和大型油囊等，常用于制作各类耐油模压制品，如 O 形圈、油封、皮碗、膜片、活门、波纹管、胶管、密封件、发泡等，也用于制作胶板和耐磨零件。

图 3-27　丁腈橡胶产品

3) 氢化丁腈橡胶 (HNBR)

性能：氢化丁腈橡胶是丁二烯和丙烯腈的共聚体。其使用温度范围为 −30℃ ~ +150℃。它是通过全部或部分氢化丁腈橡胶 (NBR) 的丁二烯中的双键得到的。优点是：机械强度和耐磨性高，与氧化物交联时耐热性比 NBR 好，其他性能与丁腈橡胶一样。缺点是价格较高。

应用：广泛用于油田、汽车工业等方面的耐油、耐高温的密封制品，也用于制作胶板、模压制品。

4) 硅橡胶 (Silicone Rubber)

在众多的特种合成橡胶中，硅橡胶是其中的佼佼者。它是无味无毒的橡胶，因此特别适合制作婴儿用奶嘴。硅橡胶可在很宽的温度范围内使用，在所有橡胶中，硅橡胶具有最广的工作温度，范围是 −100℃ ~ +350℃，在 +300℃和 −90℃时仍"泰然自若"，不失原有的强度和弹性，并具有很好的绝缘性能、耐氧、耐老化、耐光及防霉性、化学稳定性。厨用高压锅的密封圈、限压排气阀和浮子阀材料就是选用硅橡胶制作的，如图 3-28 所示。

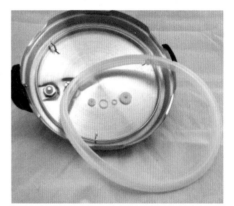

图 3-28　密封圈、限压排气阀和浮子阀

由于硅橡胶具备的特殊性能，在现代医学中获得了十分广泛又重要的用途。如具有特殊的生理机能，能做到与人体"亲密无间"，人体不排斥硅橡胶人造血管。此外还有硅橡胶人造气管、人造肺、人造骨骼、十二指肠管等，功效都十分理想。随着现代科学技术的进步和发展，硅橡胶不仅在医学上，也会在工业产品各领域，如儿童产品、生活产品、仿生产品，如仿真机器人等各方面领域的用途将有更广阔的前景，如图 3-29 所示。

硅橡胶种类较多，分为高温硫化硅橡胶和室温硫化硅橡胶两大类。

图 3-29　仿真机器人

(1) 高温硫化硅橡胶 (HTV)

高温硫化硅橡胶常用的有甲基乙烯基硅橡胶、甲基苯基乙烯基硅橡胶、氟硅橡胶、腈硅橡胶等。在航空工业上，广泛用于耐寒、耐烧蚀、耐热老化或耐辐射产品部位的垫圈、密封材料及易碎、防振部件的保护层；在电气工业中可作电子元件等高级绝缘材料，耐高温电位器的动态密封圈，地下长途通信装备的密封圈。

氟硅橡胶和腈硅橡胶具有优良的耐化学性能、耐溶剂和耐润滑油性能、耐寒性能及热稳定性能、阻燃性能好。故在飞机、火箭、导弹、宇宙飞船、石油化工中用作与燃料油和润滑油接触胶管、垫片、密封圈、燃料箱内衬等；也可用于制造耐腐蚀的衣服、手套等纤维及涂料、胶粘剂等。腈硅橡胶可用普通设备进行加工。

(2) 室温硫化硅橡胶 (RTV)

室温硫化硅橡胶的显著特点是在室温下无须加热、加压即可就地固化，使用极其方便。室温硫化硅橡胶由于分子量较低，因此有液体硅橡胶之称，其物理形态通常为可流动的流体或黏稠的膏状物。常用的室温硫化硅橡胶有甲基室温硫化硅橡胶、甲基双苯基室温硫化硅橡胶、室温硫化腈硅橡胶、室温硫化氟硅橡胶等品种。

室温硫化硅橡胶按其固化方式可分为单组分和双组分室温硫化硅橡胶。

单组分室温硫化硅橡胶的硫化时间在典型的环境条件下，一般 15 ～ 30 分钟后，硅橡胶的表面可以没有黏性，厚度 0.3cm 的胶层在一天之内可以固化。固化的深度和强度经过 10 天左右会逐渐得到增强。它固化时既不吸热，也不放热，固化后收缩率小，对材料的黏结性好。因此，主要用作胶粘剂和密封剂，其他应用还包括就地成型垫片、防护涂料和嵌缝材料等。单组分室温硫化硅橡胶虽然使用方便，但由于它的硫化是依赖大气中的水分，使橡胶产品的厚度受到限制，只能用于需要 6mm 以下厚度的场合。

双组分室温硫化硅橡胶是最常见的一种室温硫化硅橡胶。双组分室温硫化硅橡胶的硫化反应不是靠空气中的水分，而是靠催化剂来进行引发，只有当两种组分完全混合在一起时才开始发生固化。催化剂用量越多时硫化得越快，同时搁置时间越短。在室温下，搁置时间一般为几小时，若要延长胶料的搁置时间，可用冷却的方法。双组分室温硫化硅橡胶在室温下要达到完全固化需一天左右的时间，但在 150℃的温度下只需 1 小时。

双组分室温硫化硅橡胶在使用时应进行如下操作：首先把基料、交联剂和催化剂分别准确称量，然后按比例混合在一起。通常两个组分是以不同的颜色提供使用，这样可直观地观察到两种组分的混合情况，混料过程应轻轻搅动，尽量地使夹带气体量达到最小。胶料混匀后（可观察颜色是否均匀），可通过静置或进行减压（真空度 700mmHg）除去气泡，待气泡全部排出后，在室温下或在规定温度下放置一定时间即硫化成硅橡皮。双组分室温硫化硅橡胶也是制造产品模型的重要材料。图 3-30 所示为双组分室温硫化硅橡胶模具压制的有机玻璃产品零件。

双组分室温硫化硅橡胶硫化后具有优良的防黏性能，加上硫化时收缩率极小，因此适用于制造软模具，用于铸造环氧树脂、聚酯树脂、聚苯乙烯、聚氨酯、乙烯基塑料、石蜡、石膏及低熔点合金等的模具。此外，利用双组分室温硫化硅橡胶的高仿真性能、无腐蚀、易脱模等特点，可以复制各种精美的花纹。例如，在文物复制上可用来复制古代青铜器，在人造革生产上可用来复制动物的皮纹，能起到以假乱真之效，如图 3-31 所示。

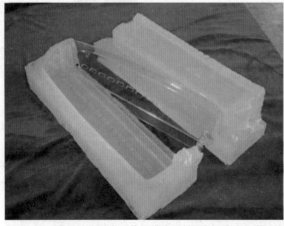
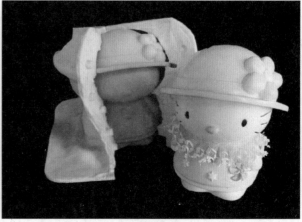

图 3-30　双组分室温硫化硅橡胶模具压制的有机玻璃产品零件　　图 3-31　双组分室温硫化硅橡胶模具灌注的玩具

硅橡胶的另一品种称作硅凝胶，是室温硫化硅橡胶，为无色或微黄色透明的油状液体。硫化后成为柔软透明的有机硅凝胶。这种凝胶可在 −65℃ ～ +200℃的温度范围内长期保持弹性，它具有良好的电绝缘性、耐水、耐臭氧、耐气候老化、无毒、无味、无腐蚀性、易于灌注、收缩率低、操作简单，具有很好的防震作用等优点。有机硅凝胶由于纯度高、使用方便，又有一定的弹性，在电子工业上广泛用作电子元器件的防潮、绝缘、防振作用的涂覆及灌封材料。用透明凝胶灌封电子元器件，不但可以起到防震防水保护作用，还可以透过凝胶看到元器件并可以用探针刺穿凝胶，检测出元件的故障，损坏的硅凝胶还可进行灌封修补。有机硅凝胶也可用作光学仪器的弹性黏合剂。在医疗上有机硅凝胶可以用来作为植入人体内的器官，如人工乳房，以及用来修补已损坏的器官等。

3. 粉末橡胶

粉末橡胶是一种新的橡胶加工方法，是在各种合成橡胶生产工艺中进行后处理工艺，从而得到外观呈粉末状的橡胶成品。制品生产工艺简化、颗粒混合方便、生产设备简单、生产效率高。粉末橡胶与通常的块状合成橡胶的基本性质一样，无须改变混炼配方就能在现有加工设备上得到和块状合成橡胶制品同样的产品，对推动混炼过程连续化、自动化、减轻劳动强度、减低能耗、改善环境有利。粉末化的方法有机械粉碎法、喷雾干燥法、闪蒸干燥法、冷冻粉化法、共凝聚法。粉末橡胶有助于实现混炼工艺的自动化、连续化，特别适用于制作注射制品、压出制品，还可用作树脂改性剂等。

3.6　塑料、橡胶材料加工工艺

3.6.1　塑料材料加工工艺

1. 注塑

注塑成型又称为注射成型，是热塑性塑料的主要成型方法之一，也适应部分热固性塑料。其原理是将颗粒状、火粉状的原料加入注射机的料斗里，原料经过加热熔化成流熔融状态，在注射机的螺杆或活塞推动下，经喷嘴和模具的浇注系统进入模具型腔内硬化，如图 3-32 所示。

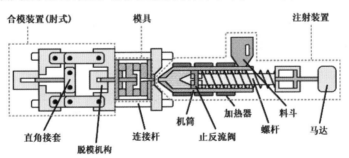

图 3-32　注塑工具原理图

注塑成型工艺的优点：能一次成型外形复杂、尺寸精确的塑料产品；可利用一套模具，批量地制作规格、形状、性能完全相同的产品；生产性能好，成型周期短、可实现自动化或半自动化产业；原材料损耗小、操作方便、产品成型的同时着色鲜艳等。

在产品设计中，注塑成型工艺被广泛应用。例如，家用电器的外壳（出风机、吸尘器、果蔬清理机等）、厨房用具（餐具、水壶、垃圾桶及各种容器）、玩具、汽车工业的各种产品及其他产品的各个零部件等。

2. 吹塑

注塑吹塑成型：首先用注塑成型法将塑料制成有底型坯，然后将型坯移到吹塑模中吹制成中空产品，如图 3-33 所示。

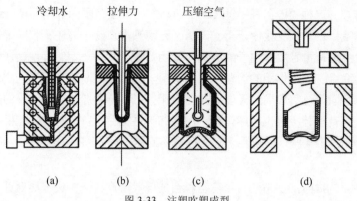

图 3-33　注塑吹塑成型

拉伸吹塑成型：是双轴定向拉伸的一种吹塑成型，其方法是先将型坯进行纵向拉伸，然后用压缩空气进行吹胀达到横向拉伸。拉伸吹塑成型可以使得产品的透明度、冲击强度、表面硬度和刚性有很大的提高，适合于聚丙烯的吹塑成型。拉伸吹塑成型包括注射型坯定向拉伸吹塑、挤出型坯定向拉伸吹塑、多层定向拉伸吹塑、压缩成型定向拉伸吹塑等。

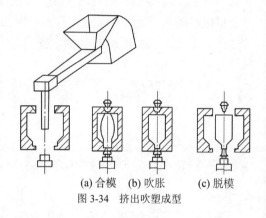

(a) 合模　(b) 吹胀　(c) 脱模
图 3-34　挤出吹塑成型

挤出吹塑成型：首先用挤出吹塑成型法将塑料制成有底型坯，然后将型坯移到吹塑模中吹制成中空产品，如图 3-34 所示。注射吹塑成型和挤出吹塑成型的不同之处是制造型坯的方法不同，吹塑过程基本上是相同的。吹塑设备除注塑机和挤出机外，主要是吹塑用的模具。吹塑模具通常由两半组成，其中没有冷却剂通道，分型面上小孔可插入充压气吹管。

吹塑薄膜法：是成型热塑性薄膜的一种方法。用挤出吹塑成型法先将塑料挤入模型，然后向管内吹入空气使其连续膨胀到一定尺寸的管式模，冷却后折叠卷绕数平模。塑料薄膜可用许多方法制造，如吹塑、挤出、流延、压延、浇铸等，但以吹塑应用最为广泛。该方法适用于聚乙烯、聚氯乙烯、聚酰胺等薄膜的制造，如奶瓶、饮料瓶等容器。

3. 挤塑

挤塑成型又称为挤出成型，其原理如图 3-35 所示。挤塑几乎适用于所有的热塑性塑料和部分热固性塑料。挤塑成型设备成本较低，生产过程连续化、效率高，且产品均匀密实，并能一机多用。用一台挤出机又要更换机头，配以各种不同辅助设备（定型、冷却、牵引、切割、卷取或堆放等装置的）组合，可以生产薄膜、管材、管件、棒材、异型材、板材、片材、电线、电缆、发泡材料及中空容器等。

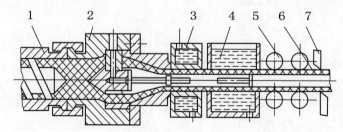

1—挤击机料筒；2—机头；3—定位装置；4—冷却装置；5—牵引装置；6—塑料管；7—切割装置
图 3-35　挤塑成型原理图

挤塑成型在塑料产品应用越来越广泛、塑料产品需求量越来越大的情况下，挤出成型设备比较简单、工艺比较容易控制、投资少、收益大，因而更具有特殊意义。

3.6.2　橡胶的成型工艺

橡胶产品的主要原料是生胶，将炭黑及各种橡胶助剂与橡胶均匀混合成胶料；胶料经过压出制成一定形状坯料；再使其与经过压延挂胶或涂胶的纺织材料（或与金属材料）组合在一起形成半成品；最后经过硫化又将具有塑性的半成品制成高弹性的最终产品。橡胶产品的基本生产工艺过程包括塑炼、混炼、压延、压出、成型、硫化6个基本工序。

1. 塑炼工艺

塑炼是橡胶加工的一个工序，是指采用机械或化学的方法，降低生胶分子量和黏度使生胶由强韧高弹性状态变为柔软而富有可塑性状态，并获适当的流动性，以满足混炼和成型进一步加工的需要。塑炼过程是使橡胶大分子链断裂，分子链由长变短而使分子量分布均匀化的过程。经过塑炼的生胶称为塑炼胶。生胶的分子量很高，分子间的作用力很大，质硬、弹性高，给加工和成型带来了极大困难。增大塑性变形能力，改善加工性能，关键在于降低分子量。在塑炼过程中导致大分子链断裂的因素主要有两个：一是机械破坏作用；二是热氧化降解作用。低温塑炼时，主要是由于机械破坏作用，大分子在强烈的机械力作用下发生断链；高温塑炼时，热氧化降解作用占主导地位。

经塑炼后，有利于粉状配合剂的混入与分散；有利于压延、压出、注射等工艺操作；产品尺寸稳定，轮廓花纹清晰，提高了质量。虽然塑炼胶分子量降低，可塑性增加，但硫化胶的物理机械性能和使用性能却受到了一定程度的损害。为使其性能损害降低，对生胶的塑炼程度要适可而止。也就是说，在满足成型加工需要的前提下，应尽量避免做过度的塑炼。

塑炼可分为机械塑炼法和化学塑炼法。机械塑炼法主要通过开放式炼胶机、密闭式炼胶机和螺杆塑炼机等的机械破坏作用。化学塑炼法是借助化学增塑剂的作用，引发并促进大分子链断裂。这两种方法在生产实践中往往结合在一起使用。

2. 混炼工艺

混炼就是通过机械作用使生胶与各种配合剂均匀混合的过程，是橡胶加工最重要的生产工艺，经混炼制成的胶料称为混料胶。本质来说是配合剂在生胶中均匀分散的过程，粒状配合剂呈分散相，生胶呈连续相。混炼的质量是对胶料的进一步加工，对成品的质量有着决定性的影响，即使配方很好的胶料，如果混炼不好，就会出现配合剂分散不均，胶料可塑度过高或过低，易焦烧、喷霜等情况，使压延、压出、涂胶和硫化等工艺不能正常进行，而且还会导致产品性能下降。混炼是为了提高橡胶产品的物理机械性能，改善加工成型工艺，降低生产成本。

混炼方法通常分为开炼机混炼和密炼机混炼两种。这两种方法都是间歇式混炼，这是目前最广泛的方法。

3. 压延工艺

压延是利用压延机辊筒之间的挤压力作用，使物料发生塑性流动变形，最终制成具有一定断面尺寸规格和规定断面几何形状的胶片，或者胶料覆盖于纺织物或金属织物表面制成具有一定断面厚度的胶布的工艺加工过程，是橡胶加工中最常用的工艺之一，也是成型流水线实现联动化不可缺少的工序。压延机为主机完成压片或在纺织物上刮胶等，而其余设备为辅机完成其他工序作业，如混炼胶的预热和供胶、纺织物的导开和干燥、压延半成品的冷却、卷取、截断等，压延过程是一项非常精细的工艺，而压延机又是非常精密复杂的机械设备。压延操作是连续进行的，压延速度比较快，生产率高。

4. 压出工艺

橡胶压出工艺即挤出工艺，是利用挤出机（压出机）中对混炼胶加热与塑化，通过螺杆的旋转，使胶料在螺杆和机筒筒壁之间受到强大的挤压作用，不断向前推进，并借助于口型（口模）压出具有一定断面形状的橡胶半成品。

在橡胶制品工业中，压出工艺的应用很广，如轮胎的胎面、内胎、胶管、胶带、电线电缆外套及各种异形断面的连续制品都可以用压出成型来加工。此外，挤出工艺还可用于对胶料进行过滤、造粒、生胶塑炼，以及对密炼机排料的补充混炼和为压延机供应热炼胶等。

与塑料挤出机不同，由于橡胶材料黏度大、流动性差，因此橡胶挤出机的螺杆长径比较小。

橡胶压出工艺的特点：操作简单、经济，半成品质地均匀、致密，容易交换规格，设备占地面积小，结构简单、操作连续、生产率高，是橡胶工业生产中的重要工艺过程。

5. 成型工艺

在橡胶制品的生产过程中，利用上述压延机或压出机制成预先设定的形状、尺寸各不相同制品的工艺过程，称为成型。

6. 硫化工艺

硫化是橡胶加工工艺中的重要过程之一。"硫化"一词有其历史性，因最初的天然橡胶产品用硫黄做交联剂进行交联而得名。硫化过程中发生了硫的交联，这个过程是指把一个或更多的硫原子接在聚合物链上形成桥状结构，在这个过程中由于结构的改变而获得性能上的显著提高。硫化的结果是使非硫化胶变成硫化胶，生成了弹性体，它的性能在很多方面都有了改变，硫化剂可以是硫或者其他相关物质。

随着橡胶工业的发展，现在可以用多种非硫磺交联剂进行交联。因此，硫化的更科学的意义应是"交联"或"架桥"，即线性高分子通过交联作用而形成的网状高分子的工艺过程。从物性上即是塑性橡胶转化为弹性橡胶或硬质橡胶的过程。"硫化"的含义不仅包含实际交联的过程，还包括产生交联的方法。通过胶料定伸强度的测量（或硫化仪）可以看到，整个硫化过程可分为硫化诱导、预硫、正硫化和过硫（对天然胶来说是硫化返原）四个阶段。

3.7 典型塑料、橡胶产品案例赏析

3.7.1 典型塑料产品案例赏析

1. Blackmagic Design：相机和扫描仪

Blackmagic Design 的工业设计团队在澳大利亚墨尔本夺得了大熊数字电影摄像机和电影胶片扫描仪的最终奖项。Blackmagic 推出的 29995 美元 Cintel 扫描仪和 5995 美元大熊相机在 2014 年 4 月的拉斯维加斯全国协会广播节目中亮相。

Cintel 扫描仪可以实时获取超高清扫描件并能取代昂贵复杂的其他产品。硅胶包覆成型在铝制核心轴上，在运行中，表面摩擦以严格控制跳动公差，确保核心轴在薄膜平稳运行中没有任何谐振。该扫描仪采用茶色亚克力快门，模压聚氨酯涂覆硅胶按键和铝外壳。

Blackmagic Design 的大熊数码相机采用聚氨酯、乙缩醛和丙烯酸多种材料，其塑料部件有聚氨酯涂层的硅按钮、聚甲醛释放闪锁、有色亚克力发光管和软质聚氨酯泡沫塑料护肩，如图 3-36 所示。

2. 通用电气：微型厨房

微型厨房如图 3-37 所示，采用几十种不同的塑料和助

图 3-36 相机

剂，使用吹塑、注塑、热成型等加工方案制造而成。聚合物材料包括聚丙烯、ABS 树脂、聚碳酸酯和聚酰胺等作为外饰，不锈钢、镀锌钢、木材等作为内部材料。该微型厨房宽 1.8m，三个 0.6m 区域分别做烹饪处理台、冷却、清洗功能，微波炉、烤箱、可转换冰箱、洗碗机和电磁炉都以抽屉形式呈现。

图 3-37 微型厨房

3. 手卷鱼线轮

澳大利亚一个研究小组凭借垂钓手卷鱼线轮获奖，如图 3-38 所示。它的主要材质是聚丙烯和热塑性弹性体。每个转轮上都有蓝色、绿色、黄色或橙色的亮点，能携带约 50m 7.7kg 的氟碳深海鱼线，每个售价 20 美元。

操作十分简单，翻转打开，连接鱼竿，几秒鱼就会上钩。垂钓完毕后，绞线、钓钩安全存放后反转关闭。

图 3-38 手卷鱼线轮

4. BLOW 充气扶手椅

1967 年，意大利设计工作室 DLL 设计 BLOW 充气扶手椅，如图 3-39 所示。采用便宜的聚氯乙烯制作，它对传统工艺的持久、昂贵等特点提出了挑战，在 20 世纪 60 年代，塑料技术和大批量生产改变了人们的生活方式。廉价消费品的流行改变了人们对日用产品的态度，一种"即用即抛"的心态迅速蔓延。这把椅子并非生活必需品，但它在商业上的成功是毋庸置疑的。轻、经济、容易移动、可压缩。它的形状具有波普风格，但也从米其林轮胎公司的标志中受到启发，在它胖乎乎的透明性中意大利人找到了舒适的特征。

5. 书虫

以色列著名设计师罗恩·阿拉德设计了一款名为"书虫"的书架,如图 3-40 所示。此款书架是在对回火钢进行一系列实验中诞生的,之后把钢条换成聚氯乙烯塑料,经试验后完全能达到实验要求,同时也增加了大批量生产的可能性,并且可以按米出售,以满足用户的需求。

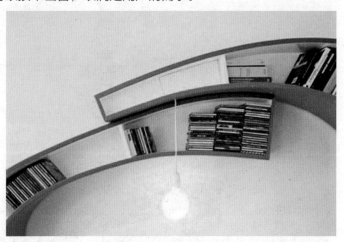

图 3-39　充气椅子　　　　　　　　　　　　　　　图 3-40　"书虫"书架

6. Fura 家具

图 3-41 所示为瑞典设计工作室 Form Us With Love 设计的 Fura 家具。这款家具组合一出现就颇为吸引人们的眼球,这款设计主要应用在公共场合,如公园。在瑞典语中,Fura 有切断的意思,所以在凳子上方会看到缺失的部分,这个部分可以方便移动。该系列家具选用材质为聚乙烯塑料,耐腐蚀性强,适合户外使用。

图 3-41　Fura 家具

7. 发泡胶房

如图 3-42 所示这款发泡胶房是采用超轻质聚苯乙烯泡沫塑料设计制作而成的房屋,呈现圆顶形房屋,看上很像蒙古包。相比用于传统泡沫的食用容器或包装材料更为坚固与稳固,同时保持其绝缘、保温性能,不仅可以抵抗 7 级地震,也不会腐烂或生锈,没有白蚁侵袭的危险,而且它还是定制化的,允许用户把自己独特的想法融入房子中，成为日本防震区最受欢迎的房屋。

图 3-42　发泡胶房

8. 药丸式书架

由 Je Sung Park 设计的药丸式书架，如图 3-43 所示。外面有层坚硬的塑料外壳保护，而里面则是软的材质，由海绵、橡胶、超薄铝片及铁片组成，具有非常强的灵活性，只需用手拿捏一下，就可以随意塑形成书档。

图 3-43　药丸式书架

9. 芬兰 Magisso 倾斜聪明茶杯

芬兰 Magisso 倾斜聪明茶杯——半粒米，如图 3-44 所示。中国原创设计作品库 Magisso 的倾斜聪明茶杯获得了 2011 年国际设计大奖"红点奖"，独特的三角形倾斜杯底设计和可拆卸的内置滤网，可以自由掌握茶的浓淡。运用 SAN 高食用性塑料和不锈钢，只要放入茶叶和开水，当然还要有一颗热爱生活的心，不费吹灰之力就能品上一杯好茶。

10. Type-c U 盘

Type-c U 盘采取推拉式设计，简单实用。选用铝合金与 ABS 塑料、聚碳酸酯，十足的金属质感。塑料件上亚光面的运用给产品增添些许设计感。采用黑胶体集成芯片，极其小巧，所以整个产品尺寸小，便于携带，如图 3-45 所示。

图 3-44　倾斜聪明茶杯

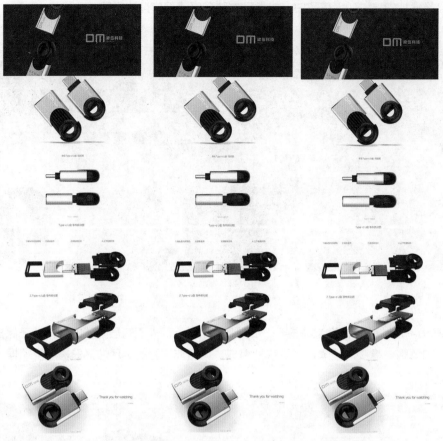

图 3-45　Type-c U 盘

3.7.2　典型橡胶产品案例赏析

　　KINZO 精湛投线仪，如图 3-46 所示。整体风格简洁，设计凝练、自然，舒展不做作。几何形体的块面切割，产品局部主要以利落的斜切面、直面来丰富细节。壳体主色采用蓝色，防护部分采用黑色橡胶材质，明暗的对比既自信又沉稳。银色底座高档、品质感强。顶面按键为软件一体式设计，和黑色双料壳体一次成型，避免后期装配，提高防护等级及耐用性。按键标识增加图标辅助使用者识别功能，使产品更易用，体现品牌以用户为本之价值观。

图 3-46　KINZO 精湛投线仪

订书机设计,如图 3-47 所示。在订书机中集成一个收纳空间,可以放置订书钉、回形针等小物品。收纳空间用锅状设计,方便取出物件。下方设有防滑橡胶,后面包括一个打开钉盒的开关(大)和一个打开订书机的开关(小)。尺寸为 60mm×60mm×70mm。

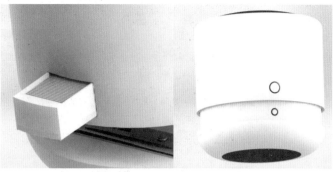

图 3-47　订书机设计

创意手指剃须刀,如图 3-48 所示。由 Chan Jeon 等人设计的手指剃须刀 (Naughty minds),使用时只需将食指和中指套入里面即可快速剃须,小巧轻便,适合那些经常在旅途的人们。橡胶材质手柄,握拿舒适稳定,刀片也可更换。它获得了 2013 红点概念设计奖。

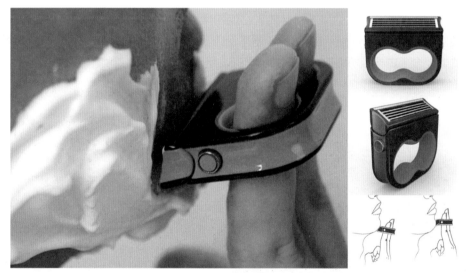

图 3-48　创意手指剃须刀

来源于高凤麟设计师的双层轮胎的设计概念,如图 3-49 所示。此概念将原先轮胎内部的一个腔体改良成两个并置的腔体,这样一来,若轮胎在高速行驶中被戳破,则不会迅速瘪胎造成危险。驾驶者也可以选择合适的地点停车修理。这个概念的产生源于设计者观察到备用轮胎的宽度约等于普通轮胎的一半,于是便有了这个大胆的设想。

黑川雅之设计的 GOM 笔盘三件套是来自日本设计大师——黑川雅之所创立的品牌 K-gom 系列办公用品,是有着 40 年历史的室内装饰橡胶制品公司,拥有多年橡胶形成技术,不仅得到许多人赞赏,而且这一系列背后也富有许多意义,如图 3-50 所示。

一般系列产品多以黑色为主轴,而黑色在日本人眼中,是在正式场合衣服常有的颜色,象征严谨、高雅。

日本设计向来重视设计本身的材质多过于形体,设计师觉得既然人类是柔软的,为何设计出来的东西不能是有韧性的呢? 于是选择用橡胶材质制造。

图 3-49　双层轮胎

　　橡胶海绵除了用来充当沙发的填充物，或者出现在家具运输打包的时候，还可以有什么用途呢？近日，来自荷兰的 Studio Dewi van de klomp 创意设计了一个柔软的橱柜，令人不禁感叹橡胶海绵的多功能。柔软的橱柜全部由橡胶海绵制作成，如图 3-51 所示。

图 3-50　GOM 笔盘三件套

图 3-51　橡胶海绵橱柜

　　Flexibler 是一个别出心裁的设计作品，它利用柔性金属与防滑橡胶制作雨伞的伞柄，能够通过扭曲来实现最为完美的造型以适合摆放和固定。通过一弯一曲让使用者有了更加灵活的使用方式和良好的体验与互动。这款创意产品获得了 2013 年红点设计奖，如图 3-52 所示。

　　来自德国的 mykii 钥匙包，为了让钥匙和其他物品和平相处而生，应用软性材质，易用设计，一用难舍弃，如图 3-53 所示。一拉一按，轻松方便：轻轻一拉，钥匙顺畅收纳；轻轻一按，钥匙从盒中滑落，让你倍感方便。迷你身材，有容乃大：mykii 的紧凑设计，只有传统钥匙包体积的 1/2。可容纳 5 把钥匙，并附有汽车钥匙挂绳。弹性软胶，保护有加：软度适中的橡胶材质，收纳钥匙的同时，防止刮磨你的裤兜、挎包，就算和手机放在一起，也不会有磨花屏幕及机身的现象发生。

图 3-52　Flexibler 雨伞设计

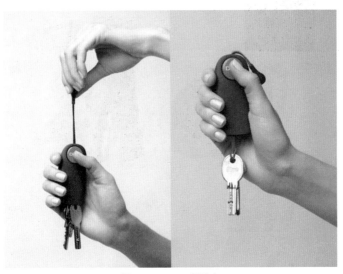

图 3-53　mykii 钥匙包

如图 3-54 所示，Jongwoo Choi 设计的这款水槽塞子，底部像一条树杈，由弹性橡胶制成，可以轻松地拴住不听话的头发。清理时只需旋转提起，当然还是需要用手去清理，但至少不用接触到湿滑恶心的下水管。

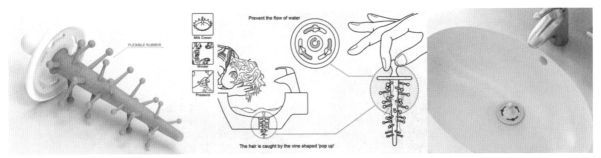

图 3-54　水槽塞子

Colorware 发布了如图 3-55 所示的 iPad 把手，可以让你单手握持 iPad 更加安全省力。橡胶包围适用手形，安全防滑，柔然而有韧性十足，避免遭受磕碰带来的磨损。

图 3-55　iPad 把手

　　有许多朋友喜欢把脱下来的衣服随手甩满屋子或者扔到墙边的衣架上，但是很多时候，如果随手一扔之后，衣服并没有像设想的那样准确地落到衣架上，那么我们要很郁闷地从地上把衣服捡起来。罗马的设计师 Paula Studio 针对"扔衣癖"者，设计了这个有趣的"刀山"，如图 3-56 所示。

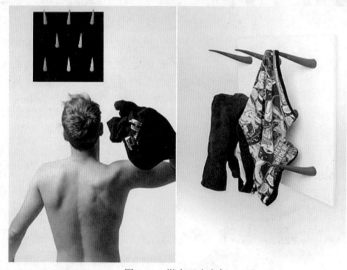

图 3-56　懒人刀山衣架

　　Egg Map 握在手里的蛋蛋地图，是一个非同寻常的城市导航工具，由匈牙利设计师 Dénes Sátor 设计，专为那些懒得与折叠地图斗争或难以寻找到 Wi-Fi 的游客而设计，它可以非常适手地握在掌中，也可以轻松地随身携带在口袋或背包中，如图 3-57 所示。整个蛋形地图用弹性橡胶制成，内部填满了空气，无论是摔、踩、扔还是甩，都不必担心它会破。地图信息直接印在表面，采用不同深浅的颜色，城市被分割成各个显而易见的地块，因此我们可以在视觉上快速地识别和定位某个区域，然后通过挤压将这一区域放大，发现隐藏其中的街道信息、附近景点、公共交通设施及餐馆。

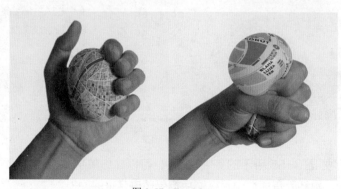

图 3-57　Egg Map

《第4章》
木材及其加工工艺

∨

4.1 木材概述

谈到木材，它是一个涉及非常广泛的天然材料。在自然界中蓄积量大、分布广并具有取材方便、易于加工的优良特性。与其他无机材料和人工材料相比，有其独特的优点。人类很早就开始在生产和生活中使用木材，木材一直是最广泛、最常用的传统材料，并积累了丰富的加工、制作及使用维护技术与经验。延续至今，木材仍然是我们不可或缺的造物材料。在科技发达、新材料层出不穷的今天，木材自然、朴素的特性仍令人感觉亲切，被认为是最富于人性特征的材料，因此，仍然是工业产品中的一种基本材料。在设计应用中占有十分重要的地位。

我国是一个贫林国家，森林面积占国土面积的 13% 左右，是世界平均水平的一半左右，而且人口基数大，所以合理开发、使用木材资源是十分重要的。

由于树木种类繁多，其特性、质地、加工方法也有很大的区别。在产品的具体应用上，由于使用部位和使用条件不同，对木材的要求有所不同。木材对产品的质量、强度、外形的美观程度及价格都有直接的影响。因此，对于工业设计师来说，正确识别木材种类，了解各种木材特性及加工工艺是非常重要的。这需要一个长期积累经验的过程。

4.1.1 木材的构造

树木是各种木材的来源。树木可分为乔木、灌木和藤木三类，其中乔木具有粗大的主干，成为传统木材的主要取材对象，也是工业产品的主要基材之一。树木采伐后去掉枝叶，经锯、切等初步加工即得到所谓的原木材，如图 4-1 所示。原木材通常加工成板材、木方，或去掉树皮以原木的形式作为木材原料。

1. 树皮

树皮是树的保护层，是保护树木不受外界损伤的外衣，也是储藏养分、输送养分的渠道。

2. 形成层

形成层是指木质部与树皮之间的很薄的组织，一般由 6 ~ 7 层细胞组成。这一很薄的细胞层具有不断分生新细胞作用，向内生成木质部，向外形成树皮。

3. 木质部

木质部是树干的主要部分，也是树最具经济价值的部分，是我们研究的主要对象，是由形成层向内分裂的细胞形成的。

图 4-1　木材的取材位置

4. 骨髓

骨髓是树干中心部分占树干的很小部分，一般为 3 ~ 5mm，是树木生长初期形成的，它的功能是储藏养分以供树木生长，质软，强度低，易腐朽、干裂。

5. 年轮

树木的加粗是由形成层的细胞分裂形成的。由于每一年的四季温度、雨水变化不同，导致分裂的速度不同。在春夏季细胞分裂速度较快，细胞体积较大，细胞壁较薄，木质较松软，颜色较轻，称为早材（春材）；在秋冬季，细胞分裂速度较慢，细胞体积较小，细胞壁较厚，颜色较深，材质较密，称为晚材（秋材）。这样就形成了美丽的花纹年轮。

如图 4-2 所示为树干的构造与木材取材的几个切面，不同切面木材的特点有所不同。垂直生长方向为径切面（也称为刨切），径切面收缩小、不易翘曲、挺直、牢度好；与树干垂直生长方向垂直的切面，即与地平面平行的切面是横切面，横切面硬度大、耐磨损、难刨削；沿树干生长方向不经过髓心的弧形切面称为弦切面，弦切面能显露纵向细胞的长度和宽度，所以花纹美观，但易翘曲。根据弦切面的不同纹路可以作为鉴别木材的依据之一。

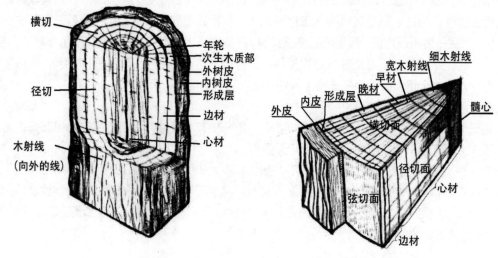

图 4-2　木材的构造与切面

4.1.2　木材的一般特性

木材因不同树种、不同取材位置、不同处理方法及不同环境状态下其特性有很大差异。但与其他材料比较，一般木材均具有以下几个基本特点和值得注意的特性。

1. 质轻

质轻而强度大，而且有很好的柔韧性。木材由疏松多孔的纤维素和木质素构成。木材的密度因树种不同，通常在 0.3 ~ 0.8 之间，比金属、玻璃等材料的密度小得多。

2. 天然的色泽和美丽的花纹

不同树种的木材或同种木材的不同材区，都具有不同的天然悦目的色泽，如红松的心材呈淡玫瑰色，边材呈黄白色；杉木的心材多为红褐色，边材呈淡黄色等。因年轮和木纹方向的不同，木材可形成各种粗、细、直、曲形状的纹理，经旋切、径切等方法还能截取或胶拼成种类繁多的花纹。随着几千年来对木材的使用和特性理解，对木材纹理的喜爱可能已遗传记忆到我们的基因密码中。如图 4-3 所示，在高级轿车内饰中，木纹理与不锈钢、塑料等现代材料相匹配，显得相得益彰。

图 4-3　高级轿车木纹内饰

3. 湿胀干缩性

木材由许多长管状细胞组成，随环境温度、湿度变化，吸收空气中的水分或释放水分而发生含水量的变化，并同时产生尺度的胀缩变化。普通木船、木桶等也是利用木材吸湿膨胀特性实现防漏的，如图 4-4 所示。

4. 吸音隔声性

木材是一种多孔性材料，具有良好的吸音隔声性能。

5. 易加工、涂饰

木材加工方便，易锯、易刨、易切、易打孔、易组合加工成型，从手工到大型机械都能完成对其加工的要求，且对涂料的附着力强，易于着色和涂饰。木材可以用胶、钉、榫眼等方法，这样比较容易牢固地接合。此外，可用物理及化学方法，在热压作用下弯曲、模压成型。木材蒸煮后可以进行切片，具有很强的可塑性。图 4-5 所示为木材经切片、弯曲工艺制成的灯饰。

图 4-4　木桶利用了木材吸水防漏图

图 4-5　弯曲木片灯饰

6. 良好的热、电绝缘性

对电、热的传导性很低，木材的热导率、电导率小，可做隔热、绝缘材料，但随着含水率增大，其绝缘性能降低。

7. 各向异性

木材是具有各向异性的材料。木材坚韧并富有弹性，纵向（生长方向）的强度大，是有效的结构材料，但抗压、抗弯强度较低。

8. 木材的缺点

对木材缺点的了解也是必要的,只有我们克服它的缺点,才能更好地发挥其长处。

(1) 木材的生长周期长,一般需要 30 ~ 50 年,长则上百年,甚至更长。尤其我国是一个贫林国家,木材自然资源并不丰富,并且回收使用困难。

(2) 受温度与湿度影响大,材性很不稳定。在储存、加工、使用中,木材由于受温度与湿度影响干缩湿胀,容易引起构件尺寸收缩或膨胀及形状变异和强度变化,发生开裂、扭曲、翘曲等弊病。

(3) 木材的燃点低,容易燃烧。

(4) 容易遭虫蛀,潮湿环境容易腐烂。

(5) 不同树种的木材,甚至产地不同的同种木材,物理、化学性质差异很大。就是同一棵树,不同位置,其物理性能也有很大差异。使之在使用和加工时受到一定的影响和限制。

(6) 木材回收再利用困难。

这些缺点也正是远古先民木质器具、木结构建筑很少流传下来的主要原因。对产品来说,这是非常大的缺陷,但从当今环境保护的观念看,木材仍然是优良的绿色环保可再生材料。

4.1.3 木材的特殊感觉特性

除前面所述的优良特性外,木材被广泛用于景观环境设施、室内装饰、产品及家具制作等,其感觉特性是重要原因。人们通过视觉、嗅觉、触觉等感官感受材料特性并形成体会和经验,是影响造物材料选择和使用的重要因素。对木材的使用体会和感觉,使之成为与人类最亲近、最富有人情味的材料。

1. 视感

1) 纹理

变幻的木材纹理赋予了木材自然天成的气息,给人以感官享受。木材纹理是由年轮所构成,它是树木与大自然对话的感受记录,宽窄不一的年轮记载了自然环境、气候变化及树木的生长历程。木纹的形状与木材的锯切方向有关,如图 4-6 和图 4-7 所示。

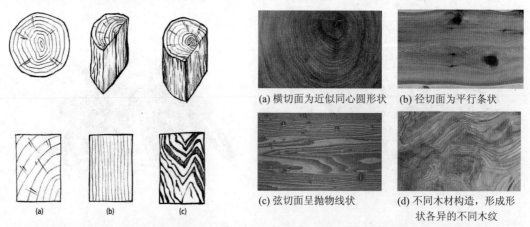

图 4-6　木材三切面的纹理　　　　　　　图 4-7　不同木材构造的切面纹理

(a) 横切面为近似同心圆形状　　(b) 径切面为平行条状
(c) 弦切面呈抛物线状　　(d) 不同木材构造,形成形状各异的不同木纹

针叶树由于纹理细、材质软、木纹精细,具有丝绸般光泽和绢画般的静态美;阔叶树由于组织复杂,木纹富于变化。材质较硬,材面较粗,具有油画般的动态美,经表面涂装后效果更好。此外,木材本身的一些不规则生长缺陷,如节子、树瘤等,增加了木材纹理的变化,增添了材质的情趣。樱子木(也称为影子木)据称是树木发生病变生满树瘤的部分取材而得,纹理具有很强的美感和不可复制性,成为古今文玩、现代产品与装饰的时尚材料,如图 4-8 所示。

值得注意的是，对木材纹理、图案的喜好与人的文化背景及追求自然的理念有很大关系。

2）色彩

色彩是决定木材印象最重要的因素，也是设计中最生动、最活跃的因素。通常，我们用色相、明度和纯度这三个属性来区别色彩。木材有较广泛的色相，有洁白如霜的云杉，漆黑如墨的乌木等。但大多数木材的色相均聚集在以橙色为中心的从红色至黄色的某一范围内，以暖色为基调，给人一种温暖感。木材的明度和纯度也会产生不同的感觉。如同一般的色彩心理感受规律一样，木材色彩明度越高，明快、华丽、整洁、高雅的感觉就越强；明度低则有深沉、

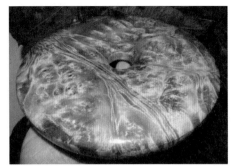

图 4-8　樱子木的纹理

厚重、沉静、素雅、豪华的感觉。纯度高的木材有华丽、刺激、豪华的感觉；纯度低的则有素雅、厚重、沉静的感觉。

不同的树种，不同的材色，给人的印象和心理感觉也不同。因此，有必要结合用途和场合选择木材。需要明亮氛围的可选用云杉、白蜡、刺楸、白柳桉等明亮淡色彩；需要宁静高雅氛围的可选用柚木、紫檀、核桃木、樱桃木等明度低深色的木材。

木材及木质器具随着时间的推移，在空气中氧化，颜色也在一定程度上发生变化。

2. 触感

人对材料表面的冷暖感觉主要由材料的导热系数的大小决定。而木材导热系数适中，接触而引起给人温暖的感觉反应。

1）冷暖感

木材除材色为暖色，从视感上给人温暖感外，与其他材料相比其触感也是温暖感较强的材料。这与木材的多样性有关，木材内的空隙虽不完全封闭，但也不自由相通，所以木材是良好的隔热保温材料。

2）干湿感

温度与湿度是构成材料舒适与否的主要条件，对人们心理活动的影响极为明显。木材是吸湿材料，吸湿后尺寸不稳定是其缺点，归咎于木材吸湿、放湿作用对环境湿度变化有着缓冲作用，因此木材是具有优良调湿功能的材料。

3. 气味

由于木材中含有各种挥发性油、树脂、树胶、芳香油及其他物质。所以，树种的不同就产生了各种不同的气味，特别是新砍伐的木材较浓，如松木散发有清香的松脂味；柏木、侧柏、圆柏等有柏木香气；雪松有辛辣味；杨木具有青草味；椴木有腻子气味等。

气味也是区分、鉴别木材（特别是名贵木材）的一个重要方法。例如，海南黄花梨散发辛香的气味，新锯开的海南黄花梨有一股浓烈的辛香味，但时间久了的老家具或老料，其气味则转成微香，在老料上刮下一小片，一般还可闻出淡淡的辛香味，而越南黄花梨散出的则是酸香味，如图 4-9 所示。

树木对保护地球环境起着重要的作用，并且需较长的生长周期，已成为越来越贵重的资源。为满足对木材需要的同时节约木材资源，模仿木材的感官特性（主要是视觉），生产人造板表面装饰材料替代木材的使用，近年已形成一个庞大的产业分支。

图 4-9　黄花梨手串

4.1.4 树种分类

树木是属于种子植物中的木本植物。由于树木种类繁多，树木的分类方法也很多，通常按树种区分，包括乔木、灌木和藤木，木制产品用材主要是乔木。它又分为两大类：一类是种子裸露在外的叫作裸子植物，即针叶树种。针叶树叶呈针状或鳞片状，树干挺直高大，木质一般较软被称为软材，像松木中的红、白、油、樟子、杉、柏松等。另一类是种子包在果实里的叫作被子植物，即阔叶树种。阔叶树种叶子是呈大小不同片状，树干不如针叶树木直，木质较硬被称为硬材。阔叶木材用于许多高级木制产品，如榆木、桦木、曲柳、柚木、楸木、柞木等。

作为设计师识别树种、了解质地与特性是很重要的，但这需要一个长期的经验积累过程。现将主要常用的树木种类介绍如下。

1. 针叶树类

针叶树是树叶细长如针，多为常绿树。针叶树种一般通直高大、纹理平顺、材质均匀、一般质软、变形较小、易加工，属软杂木。由于含有大量树脂，所以耐水、耐腐蚀，如图4-10所示。针叶树常见的树种主要有杉木、松木、柏木等，是工业产品中主要内部用材。

图4-10　针叶树与树叶

1) 杉木（沙木、沙树）

树皮灰褐色，裂成长条片脱落，内皮淡红色。杉木的特点是生长快、纹理通直、结构均匀、材质轻韧、易加工，且价格便宜。杉木具有香味，材中含有"杉脑"，能抗虫耐腐。杉木属于软木，它的缺点主要有两个，一是由于杉木为速生材，成材期为4～6年，木质纤维疏松，而且水分含量大，表面硬度较软，外力作用易引起划痕；二是结疤多，每隔一小段距离就有一块黑色的结疤。用途：主要用来制作纸浆、细木工板、密度板、刨花板、指接板或做木制产品的内部材料。杉木条常作为装饰、装修用的龙骨。

杉木是我国特有的速生商品材树种，分布较广。主要产地为我国长江流域、秦岭以南广大山地地区。

2) 红松

红松高可达30～40m，纵裂成不规则的长方鳞状块片，裂片脱落后露出红褐色的内皮，故称红松。红松耐寒性强、木材轻软、纹理通直、木质层黄褐色微带肉红色、年轮分界清楚、耐腐蚀性强、树皮可提取栲胶、树干可采松脂、种子供食用或药用。加工干燥性能良好，有很好的防水性。用途：建筑、家具及木制产品、门窗、乐器、船舶。

主要产地为我国东北长白山到小兴安岭。

3) 鱼鳞云杉（白松）

树干高大圆满通直，高达 30 ~ 40m。表层常呈灰白色，老时呈灰褐色、鳞状剥裂。木质部浅驼色、略呈白色、树脂道小、树脂少、质地轻软、加工干燥性能良好。用途：细木工板、建筑、乐器及产品的内部材料。

主要产地为我国东北大、小兴安岭和长白山，是东北林区的重要用材树种。

4) 马尾松

树皮深红褐色微灰、心边材区别不明显、淡黄褐色、质地轻软、干燥时翘裂、变形较严重、不耐腐、胶接性能不好。用途：胶合板、包装箱、造纸、建筑及产品的内部材料，是人造纤维板、细木工板的重要原材料。

主要产地为我国长江流域及以南各省，是我国南部的主要经济用材树种。

5) 落叶松（黄花松）

树皮幼时暗褐色、片状剥落、成树皮呈暗灰褐色、边材淡黄色、心材黄褐色至红褐色、纹理直、结构细密、树脂多、木材干燥性能不好、易变形翘裂。用途：桥梁、门窗、护栏等。

土要产地为我国东北人、小兴安岭，是大、小兴安岭针叶林的主要树种。

6) 樟子松

樟子松为常绿乔木，高 15 ~ 25m，最高达 30m。树皮灰褐色、裂开内层红棕色、木质层为黄褐色、年轮纹理明显、通直清晰、活节子较多、木结疤较少、加工干燥性能良好。用途：樟子松木材由于有很好的纹理，表面一般刷清漆，体现木材的细密纹理，近年来广泛用于中档实木家具及木制工业产品，也常用于建筑、车辆、船舶、桅杆、胶合板，如图 4-11 所示。樟子松木材经过处理可作为防腐木，应用在户外、入户花园等场合。

图 4-11　樟子松家具及板材

主要产地为我国东北大兴安岭，是东北大兴安岭地区主要的优良造林树种之一。

2. 阔叶树类

阔叶树一般是指双子叶植物类的树木，叶片一般较扁平宽阔、叶脉成网状、叶形随树种不同而有多种形状的多年生木本植物，如图 4-12 所示。叶常绿或落叶，落叶类大多在秋冬季节叶从枝上脱落。由阔叶树组成的森林，称作阔叶林。阔叶树的经济价值大，不少为重要用材树种，其中有些为名贵木材，如樟树、楠木等。阔叶树种类繁多，统称硬杂木，是工业产品中主要的面饰用材。

图 4-12　阔叶树类

1) 水曲柳

树皮灰褐色微黄、呈规则裂隙，木质褐色略黄，材质略重而硬，纹理直且美观，易加工、耐水、耐磨，具有较好的强度和抗震性能。水曲柳最大的优点是纹理通直且美观清晰。缺点是变形较大、干燥性能不好。用途：作为面板、家具、地板、胶合板及装饰性能强的产品。刷清漆能够最高限度地体现出它美丽的花纹。

主要产地为我国东北、华北等地，也是东北主要的造林树种之一，如图 4-13 所示。

图 4-13　水曲柳饰面板

2) 榆木

幼树树皮平滑灰褐色或浅灰色、大树之皮暗灰色、不规则深纵裂、粗糙，边心材区分明显，边材为暗黄色、心材暗紫灰色。木材纹理通直、花纹清晰、木材坚实、弹性好、硬度与强度适中、刨面光滑，耐湿、耐腐、耐久用。用途：可做木质产品、家具、车辆及室内装修、精美的木雕产品。

主要产地为我国北方各地，尤其黄河流域，随处可见。

3) 楸木

楸木为珍贵优质的家具用材。树木高达 30m，楸树的生长期较慢，一般成材树在 40~50 年。木材的特点是：木材软硬适中、密度较小、结构细而匀，具有干缩率小、刨面光滑、耐磨和耐腐性强的物理性能和力学性能。纹理清晰，是细线加黑点的木纹，基本上木纹没有太大的扭曲，着色性能都很好，享有"木王"和"黄金树"的美称，广泛应用于乐器、家具、木制产品、室内装修等方面，也是仿制更高档木材如各种红木的优质良材。

楸木生长于我国东北等极其寒冷地域。

4) 樟木

樟木是一种软木，树皮黄褐色。树径较大、材幅宽、花纹美。樟木突出特点是富含浓郁的香气，这种香气可以驱虫、防蛀、防霉、杀菌。樟脑丸就是由樟木中提炼的香料制成的。樟木木质细密，有天然的美丽纹理，质地坚韧，不易折断，也不易产生裂纹，是自古以来雕刻工艺的首选材料。樟木主要用于家具的背板、抽屉板。由于樟木驱虫、防蛀、防霉、杀菌功能，特别适用于衣箱、书箱制作，我国的樟木箱名扬中外，如图 4-14 所示。

图 4-14　樟木箱

樟木在我国广东、湖南、湖北、云南、江苏、浙江等各省都有分布。

5) 橡木

学名栎木，橡木分为红橡、白橡两大类。两者颜色差异并不明显，红橡呈黄色偏粉红，白橡为浅黄色，区别是红橡木木髓射线较细，可见图形较少，红橡是因秋天树叶变红而得名。橡木的特点是质地硬、密度高、纹理直、结构粗、色泽淡雅、纹理美观、力学强度相当高、耐磨损。但木材不易于干燥锯解和切削，大面积采用时变形程度大。在产品用材中，红橡应用比白橡广泛，白橡只用于饰面板，而红橡既可以用作饰面板，也可以用在实木产品中。此外，因橡木内含有特有的酸性物质，可以帮助葡萄酒中和酒中的涩味，令酒的口感更好，橡木制作葡萄酒桶是西方国家传统，优质葡萄酒必定采用白橡木桶。

橡树广泛分布在北半球广大区域。

6) 榉木

榉木也称为"椐木"（或"椇木"），树皮暗褐色，木质黄褐或浅红褐色，材质坚硬，质地均匀，重而坚固，抗冲击、耐磨、耐腐、不易变形。木材纹理通直、清晰、美观，色调柔和。榆木和榉木都是过去打造家具与器物的良材，在民间广泛使用。中国古代有"北榆南榉"之说，是指北方家具主要用榆木，南方家具用榉木。而在日常生活中，榉木常作为装饰面板、工艺品、胶合板、地板、装饰性强的产品使用。除了木色、纹理、硬度的优势之外，榉木还拥有承重性能好、抗压性强等优点，用于建筑、桥梁之材。蒸汽下榉木易于弯曲，可以制作弯曲木造型。

榉木产于我国江苏、浙江、安徽、湖南、贵州等省，欧洲和北美洲一带也有分布。

7) 柚木

柚木又称为胭脂树、紫柚木、血树等，是生长要求较高温度的热带树种。树皮淡褐色，浅纵裂薄而易剥落。木质黄褐色或深褐色，含有金丝所以又称为金丝柚木。柚木材质纹理线条优美，有油性光亮，色调高雅，材色均一，稳定性好，变形性小。柚木具有握钉力佳，胶接涂饰等综合性能良好。是制造高档家具、地板、室内外装饰的材料。适用于造船、露天建筑、桥梁、高档木制产品、工艺品等，特别适合制造船甲板。在欧洲国家，柚木大多用来做豪华游艇、汽车内饰。另外，柚木含有极重的油质，这种油质使之保持不变形，且带有一种特别的香味，能驱蛇、虫、鼠、蚁等。柚木树在日光照射较多的一面颜色较深，日照较少的部分油质较丰富，颜色较浅。柚木产品在太阳光照射之下，不会干燥膨胀，光照面会通过光合作用氧化而成金黄色，且会随时间的延长而颜色更加美丽。

主产于我国广东、广西、云南、福建等省及缅甸、泰国、印度和印度尼西亚等地。以印度尼西亚、泰国、缅甸最为著名，简称"缅柚"，被号称缅甸的国宝，如图 4-15 所示。

8) 胡桃木

胡桃木是胡桃科胡桃属的木材，胡桃属共有 15 种木材都以颜色命名。最常见的胡桃木有黑胡桃木、黄金胡桃木、红胡桃木等。

国产胡桃木（核桃木）家具以山西晋作家具为主，南方基本少用。南方用的胡桃木大多来自进口，主要是欧美胡桃木，其中以美国黑胡桃最为名贵。黑胡桃心材茶褐色，有时具黑或紫色条纹。黑胡桃木的颜色视所生长地区而有所不同。之所以称为黑胡桃的原因，并非指其木材为黑色，而是由于其果实外壳为黑色之故。实际上木材为淡灰褐色至浓深紫褐色。弦切面为美丽的大抛物线花纹（大山纹），如图 4-16 所示。胡桃木木材纹理直或交错，结构均匀，其木质重而硬、耐冲撞摩擦、耐腐朽、容易干燥、少变形、易施工、易胶合。在实际使用中可施以任何涂装方法，是制造高档家具、木制产品、工艺品、胶合板、室内外装饰的材料。由于美国黑胡桃价格昂贵，一般极少用作实木产品，而是用作线条、较高档次的饰面板使用。

在我国华北、西北、西南及华中等地区均有种植，主产于南美洲、北美洲、大洋洲、欧洲东南部、亚洲东部等地。

图 4-15 柚木

图 4-16 胡桃木电视柜

9) 红木

红木是名贵木质产品用材的统称，品种较多，为热带地区所产。红木生长缓慢、材质坚硬、木材花纹美观，生长期都在几百年以上。红木木材心边材区别显明，边材灰白色、心材淡黄红色至赤色，暴露于空气中时氧化后久变为紫红色，故称为红木。国家根据密度等指标对红木进行了规范：范围确定为五属、八类；规范确定为二科、五属、八类、三十三个主要品种。

原产于我国南部的红木很多，但早在明清时期就被砍伐得所剩无几。如今的红木，大多产于东南亚、南亚和非洲地区。近年来，我国广东、云南省开始培育栽培和引种栽培，如图 4-17 所示。常见的红木种类如下。

(1) 降香黄檀（海南黄花梨）

降香黄檀为中国特有珍稀树种。原仅产于海南岛，有东西部之分。2003 年起，广东省一带也有人工引进种植。木材有光泽、具辛辣滋味、纹理斜而交错、结构细而匀、耐腐耐久性强、材质硬重、强度高，如图 4-18 所示。

图 4-17 红木原木

图 4-18 海南黄花梨笔筒

(2) 紫檀

紫檀分布于我国广东省和云南省南部及印度、菲律宾、印度尼西亚、缅甸等地。檀香紫檀为紫檀中的精品，仅产于印度，主要在迈索尔。其余各类檀木则被归纳在草花梨木类中。常言十檀九空，最大的紫檀木直径仅为 20cm 左右。目前国内最大的紫檀原木在东阳市紫檀博物馆，高 3.8m，直径达到 40cm，堪称紫檀王，其珍贵程度可想而知。紫檀木材有光泽、材质硬重细腻、结构致密、耐腐耐久性强、纹理交错、具有香气，久露于空气后变紫红褐色。

(3) 花梨木

花梨木分布于全球热带地区，主要产于东南亚及南美洲、非洲。我国海南、云南、广东、广西省已有引种栽培。材色较均匀，由浅黄至暗红褐色，可见深色条纹，有光泽，具轻微或显著轻香气，纹理交错、结构细而匀（南美、非洲略粗）、耐磨耐久性强、硬重、强度高，通常浮于水。东南亚产的花梨木中属泰国最优，缅甸次之。

(4) 酸枝木

酸枝木主要产地为热带、亚热带及东南亚等国家和地区。木材材色不均匀，边材黄白至黄褐色。心材呈橙色、浅红褐色至黑褐色。木材有光泽，纹理斜或交错，具酸味或酸香味，密度强度高，材质硬重，耐磨、耐腐、耐久性强。

(5) 鸡翅木

鸡翅木分布于全球亚热带地区，主要产地为东南亚和非洲，因为有类似"鸡翅"的纹理而得名。纹理交错、清晰，木材花纹美观，颜色突兀，木材无香气，生长年轮不明显，材质坚硬、耐久。木材心边材区别明显，边材灰白色，心材淡黄红色至赤色。暴露于空气中久变为紫红色。

4.2 常用木材分类

木材的分类方法很多，如前面所讲就是按树种分类。按木材加工方法分类可分为：原木与人造板材两大类。

4.2.1 原木

原木是指伐倒的树干经过去枝去皮后按规格锯成的一定长度的木材。原木又分为直接使用的原木和加工使用的原木，即锯材两种，如图 4-19 所示。

(a) 原木　　　　　　　　(b) 锯材中的板材　　　　　　　(c) 锯材中的方材

图 4-19　原木和锯材中的板材与方材

1. 原木

直接使用的原木一般用作电柱、桩木、坑木，或在建筑工程中使用，通常要求具有一定的长度和较高的强度。

2. 锯材

将原木按一定规格尺寸锯割后的木材，又称为锯材。锯材按其宽度和厚度的比例关系又可分为板材、方材和薄木三种。

产品所用的木材一般都是加工成锯材的木材，锯材按其加工后的规格尺寸可分为：

1) 板材

横断面宽度为厚度的 3 倍及 3 倍以上的被称为板材。

薄板：18mm 以下。

中板：19 ～ 35mm。

厚板：35 ～ 65mm。

特厚板：65mm 以上。

2）方材

横断面宽度不足厚度的 3 倍，被称为方材。

- 小方宽厚相乘的积在 54cm^2 以下。
- 中方宽厚相乘的积在 55 ～ 100cm^2。
- 大方宽厚相乘的积在 101 ～ 225cm^2。
- 特大方宽厚相乘的积在 266cm^2 以上。

3）薄木

厚度在 0.1 ～ 3mm 的木材称为薄木，厚度在 0.1mm 以下的称为微薄木。为了提高高档木材的利用率（像红木、柚木等木材），近年来厚度在 0.05 ～ 0.07mm 的微薄木材得到了广泛应用，主要用于面饰贴皮。按其加工方法可分为：平切与旋切两种。旋切一半用于胶合板。微薄木一般采用平切方法用于面饰贴皮，如图 4-20 所示。

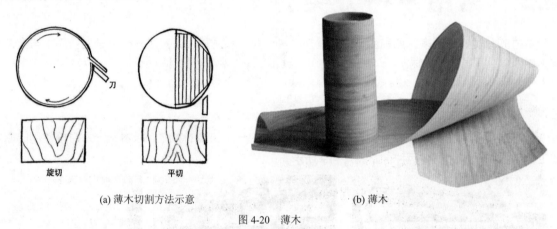

(a) 薄木切割方法示意　　　　　　　　　　(b) 薄木

图 4-20　薄木

4.2.2　人造板材

由于木材资源越来越贫乏，所以合理使用、开发木材资源是十分重要的。木材的综合利用近几十年来得到了迅速发展，各种人造板相继而生。人造板材利用原木、刨花、木屑、木材的边角下料及其他植物纤维为原料，加入胶粘剂和其他添加剂而制成的板材。由于它提高了木材的利用率，并且幅面大、质地均匀、变形小、强度大，便于二次加工，现已是产品制造业的重要基材。人造板材的种类很多，特点各异。常用的有胶合板、刨花板、纤维板、细木工板、双包镶板及各种轻质板等。

人造板封边工艺尤为重要，不同的板材又有与它相适宜的封边方法，如薄木封边、金属封边、塑料封边等。

1. 胶合板

胶合板以木材为主要原料，经旋切 1mm 左右厚度的薄木，用 3 层或多层（奇数层，即 3,5,7,9…层）单板，各层单板的纤维方向互相垂直加压胶合而成的板材，是合理利用木材、改善木板材特性的一个有效方法。可克服木材各向异性内应力缺陷，使胶合板不易开裂和翘曲。胶合板幅面大而平整、材质均匀、纹理美观、装饰性好。胶合板也可作为表面复贴单板，复贴在刨花板、纤维板、细木工板、双包镶板等人造板板材表面。另外，胶合板也可利用加热、加压、模压成型技术，制成曲面形态。可见，胶合板是产品设计采用最基础的人造板材之一，如图 4-21 所示。

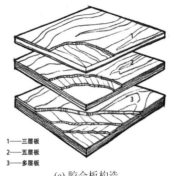

1——三层板
2——五层板
3——多层板

(a) 胶合板　　　　　　　　　(b) 模压成型的胶合板坐具　　　　　　(c) 胶合板构造

图 4-21　胶合板及其应用示例

2. 刨花板

刨花板是利用木材采伐和加工后的废料、碎木屑、刨花或秸秆为主要原料，经过切削成碎片碎粒加胶、加热、加压制成有一定强度的板材。刨花板幅面大而平整，纵横面强度一致，经过二次加工可表面复贴单板，如胶合板、PVC 板、防火板、薄木或微薄木等。但刨花板的缺点是：不宜开榫和着钉、表面无纹、不耐潮。刨花板是制造板式家具和现代工业产品及装饰装修的重要材料。尤其是贴面刨花板广泛用于产品设计中，其还具有吸声、保温、隔热功能。刨花板的边缘粗糙、多孔，容易吸湿，需要封边，如图 4-22 和图 4-23 所示。

图 4-22　刨花板　　　　　　　　　　　　图 4-23　贴面刨花板的封边

3. 纤维板

纤维板是以木料加工的废料或植物纤维做原料，经原料处理、成型、热压等工序而制成的板材。相比刨花板纤维板颗粒细、密度大、强度高，如图 4-24 所示。纤维板的材质构造均匀、各向强度一致，不易胀缩开裂，具有隔热吸音和较好的加工性能。纤维板按原料可分为木质纤维板和非木质纤维板；按板面状态分为单面光纤维板和双面光纤维板；按密度分为软质纤维板 ($<0.5\text{g/cm}^3$)、中密度纤维板 ($0.5 \sim 0.9\text{g/cm}^3$) 和硬质纤维板 ($>0.8\text{g/cm}^3$)。硬质纤维板坚韧密实，也可经过二次加工，表面复贴胶合板、PVC 板、防火板等单板，或薄木或微薄木，是产品设计应用的重要基材之一。

4. 细木工板

细木工板又称为大芯板，由两片单板（胶合板、防火板等）中间胶压拼接无缝的木板木条（烘干材）组成，如图 4-25 所示。细木工板具有尺寸结构稳定、坚固耐用、板面平整及不易变形等特点，有效地克服木材各向异性应力，是良好的结构材料，广泛用在产品、家具、装修及建筑壁板中。细木工板与刨花板和纤维板相比，具有质量轻、更接近原木板材的特点。

图 4-24 纤维板

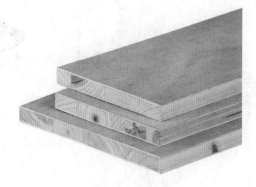

图 4-25 细木工板

5. 双包镶板

双包镶板也称为空心板，它与细木工板的区别在于中间是空的。它是以实木做框架，内部空心并带某种少量填充物制成的。一般的填充物有木条、纸张、发泡塑料等材料，可大量节约木材，在产品中被广泛使用。其规格尺寸是按生产要求制作的。例如，双包镶的芯框可以用宽木条做边框，中间放置同等厚度的细木条龙骨。龙骨一般平行排列，间距小于 200mm，一般控制在 160mm 左右。龙骨的宽度随板的幅面而定，一般 1m 长的平面用 30mm 左右宽的龙骨，再宽则用 40～50mm 的也有。芯框两面各覆贴一张 3mm 厚胶合、板纤板等材料。双包镶板可以取消榫孔结构，芯框结构全部用气钉枪打上骑马钉，既省工也省料，如图 4-26 所示。

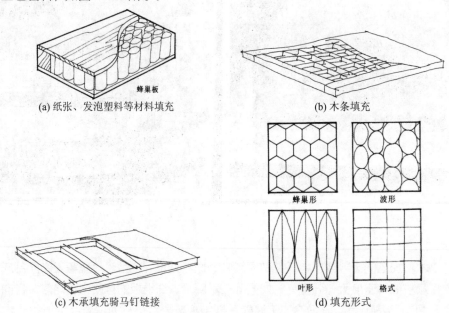

(a) 纸张、发泡塑料等材料填充

(b) 木条填充

(c) 木承填充骑马钉链接

(d) 填充形式

图 4-26 双包镶板

6. 集成材

集成材也称为胶合木，它有效地克服了木材最大的缺点，即各向异性应力，也就是木材变形、开裂问题。集成材以小实木或边角径向料为生产原料，经过切割成小长方条，再经选料、断料、平接或指接、黏合、挤压及后续处理等一系列工序而制成具有一定宽度、厚度、长度的木材，如图 4-27 所示。集成材工艺也可以将小料接口处加工成相互啮合的结构形状，通过胶合拼接在一起，然后重复胶合拼接制成要求的规格尺寸和形状大料，如此集成制造的集成板材称为指接板，如图 4-28 所示。集成材属于实木，除了最高限度地解决木材变形问题之外，还可做到小材大用，劣材优用。集成材保留了天然木材的材质感，通过在胶合前剔除节子、腐朽等木材缺陷，可制造出缺陷少的材料。配板时，即使仍有木材缺陷也可将木材缺陷分散。另外，集成材在抗拉和抗压等物理力学性能方面和材料质量均匀化方面优于实体木材，并且可按层板的强弱配置，提高其强度性能，其强度性能可达实体木材的 1.5 倍。集成材的原料经过充分干燥，即使大截面、长尺寸材，其各部分的含水率仍均一。集成材可以制造成通直形状、弯曲形状。按相应强度的要求，集成材可以制造成沿长度方向截面渐变结构，也可以制造成工字形、空心方形等截面。集成材胶合前，可以预先将板材进行药物处理，即使长、大材料，其内部也能有足够的药剂，使材料具有优良的防腐性、防火性和防虫性。

图 4-27　集成材

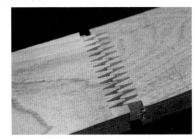

图 4-28　指接板集成材

指接板分为明齿和暗齿，明齿在上漆后较容易出现不平现象，暗齿的加工难度要大些。指接板与细木工板的用途一样，只是指接板在生产过程中用胶量比细木工板少得多，所以是较细木工板更为环保的一种板材。指接板常见厚度有 12mm、14mm、16mm 和 20mm 四种，最厚可达 36mm。图 4-29 所示为集成材制作的家具。

4.3　木材的接合结构

木材的接合结构是支撑、传力的关键部位。常见的接合方法有榫卯接合、胶结接合、螺钉接合几种，而榫卯接合为固定式结合最基本的接合方法。

4.3.1　榫卯接合结构

传统木制品都是框架形式，以榫卯装板为主的结构。这是实木在发展中形成的最理想结构。它以较细的纵横撑挡为骨架，以较薄的装板铺大面。榫结合主要依靠榫头四壁与榫孔相吻合连接，既精

图 4-29　集成材制作的家具

巧结实又美观多样。各种接合形式各具用途，且有效、合理。无论支撑类、贮存类、装饰类木制品都采用，一直持续了几千年，形成了最完美的结构形式。特别是在以明清为代表的中国传统家具制造中，榫卯结构发展到一个极致。但是，框架结构对材料与工艺要求较高，在当今高度机械化生产条件下，相对而言有一定困难且成本较高，功效较差，这是不足之处。

榫卯接合是根据结合部位的尺寸、位置及构件在结构中的应力作用不同，接合形式各有不同，如图 4-30 所示。而各种榫根据木制品结构的需要有明榫和暗榫之分。榫孔的形状和大小，根据榫头而定。

1. 榫头的分类

以榫头的形状分有直角榫、燕尾榫和圆棒榫，如图 4-31 所示。

直角榫：凡榫尖与榫舌呈 90°角的榫头都属于直角榫一类，框架结构中大都采用直角榫。

燕尾榫：不呈 90°角的为燕尾榫，特点是坚固。传统家具这种榫较多用，如抽屉角的结合。

图 4-30　榫卯接合结构的装板形式

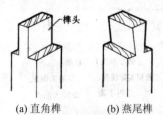

(a) 直角榫　　　(b) 燕尾榫　　　(c) 圆棒榫

图 4-31　榫头按形状分类

圆棒榫：是在框架结构的基础上发展起来的新型结构，它适合机械化生产，要求加工精度很高。

以榫头的数目分有单榫、双榫和多榫，如图 4-32 所示。

以榫的深度分有贯通榫（也称为明榫、通榫）、不贯通榫（也称为暗榫、半榫），如图 4-33 所示。

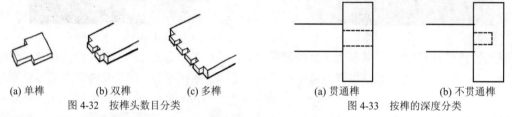

(a) 单榫　　　(b) 双榫　　　(c) 多榫　　　　　　　(a) 贯通榫　　　　　(b) 不贯通榫

图 4-32　按榫头数目分类　　　　　　　　　　　　图 4-33　按榫的深度分类

以榫孔的深度和侧面开口程度分有开口榫和闭口榫，如图 4-34 所示。

开口榫：分为开口贯通榫、开口不贯通榫、半开口不贯通榫。其中开口不贯通榫适用于有面板底盘等覆盖的框架的连接，如床头柜、小衣柜等上下横档的连接。

闭口榫：分为闭口贯通榫、闭口不贯通榫。其中闭口不贯通榫适用于框架上下角的连接，如家具的旁板、门板、帽头的连接，脚架、望板的连接等。

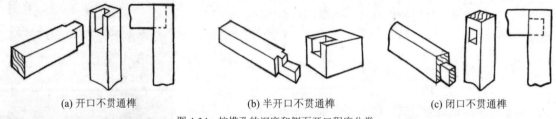

(a) 开口不贯通榫　　　　　　(b) 半开口不贯通榫　　　　　(c) 闭口不贯通榫

图 4-34　按榫孔的深度和侧面开口程度分类

以榫头的肩胛分有单肩榫、双肩榫、截肩榫、四肩榫、中间夹口榫、双肩斜角暗榫，如图 4-35 所示。

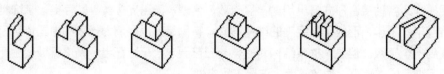

图 4-35　按榫头的肩胛分类

2. 榫接合的技术要求

木制产品的损坏常常出现在接合部位，榫接合如果设计得不合理或加工得不正确就必然要影响其强度，导致损坏。有关榫接合的基本技术要求有如下几点。

1）榫头的宽度或厚度

单榫的宽度或厚度应近于方材厚度或宽度的 1/2；当木材截面大于 40mm×40mm 时应为双榫，双榫的总厚度应在工作的宽度的 1/2 ~ 1/3 之间，如图 4-36 所示。

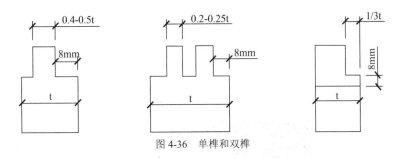

图 4-36　单榫和双榫

2) 榫舌的宽度或厚度

榫舌的厚度应等于孔的宽度或小于 0.1 ~ 0.2mm，则强度最大。

3) 榫孔的长度

通榫的榫舌的长宽比孔长度大 0.5 ~ 1mm，普通硬木大于 1mm 时配合最紧密。

4) 榫

半榫的榫孔深度应比榫舌深 2mm，通榫的榫舌长度至少长于孔深 3 ~ 5mm。

5) 榫卯角度

榫卯结合的允许倾斜角度和弯曲，如图 4-37 所示。

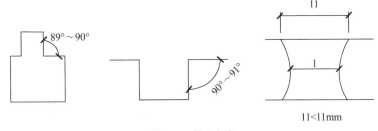

图 4-37　榫卯角度

6) 圆棒榫

圆棒榫的材料需无节、无朽的硬木，如水曲柳、柞木等木材。它要求含水率低、加工误差应在 -0.2 ~ +0.2mm 之间。连接硬木的圆棒榫误差为 -0.2 ~ 0、软木或中密度为 0 ~ 0.2。圆棒榫的取用应为被接合木件厚度的 2/5 ~ 1/2，长度为直径的 3 ~ 4 倍。胶合剂为脲醛胶、聚醋酸乙烯树脂（白乳胶），如图 4-38 所示。

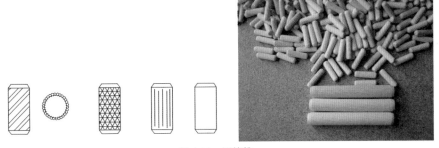

图 4-38　圆棒榫

4.3.2　板式结构

凡主要部件用各种人造板做基材，常以连接件接合的木制产品都被称为板式结构。板式结构由于简化了结构和加工工艺，便于机械化、自动化生产，是目前被广为应用的，而且有很大发展空间的一种结构类型。根据连接及连接件、连接结构的种类和使用方法的不同，常见的连接方法有：固定式结构和拆装式结构。

1. 固定式结构

固定式结构包括暗燕尾榫接合、明燕尾榫接合、圆插销插入榫接合、外向螺钉接合、内侧螺钉接合、替木螺钉接合和隔板尼龙倒刺接合几种，如图 4-39 至图 4-45 所示。

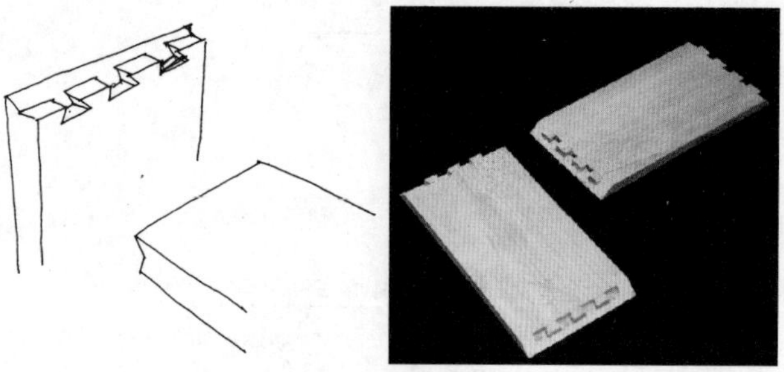

图 4-39　暗燕尾榫接合

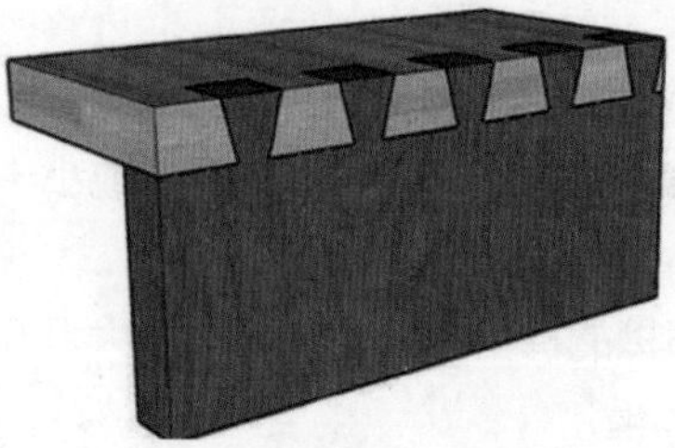

图 4-40　明燕尾榫接合

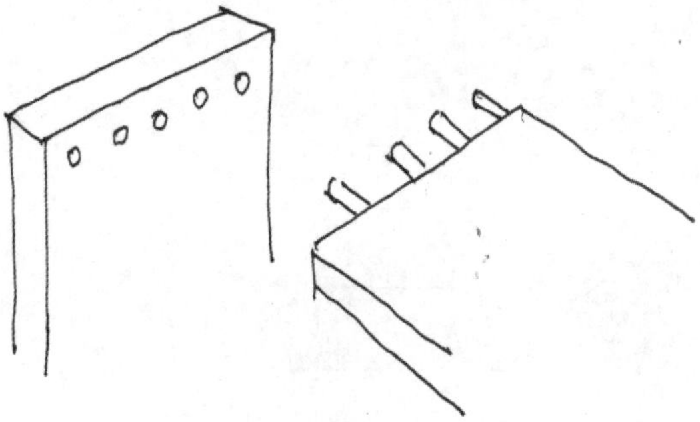

图 4-41　圆插销插入榫接合

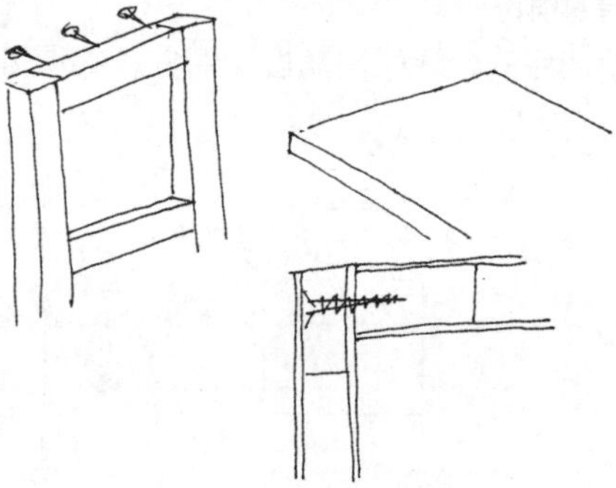

图 4-42　外向螺钉接合

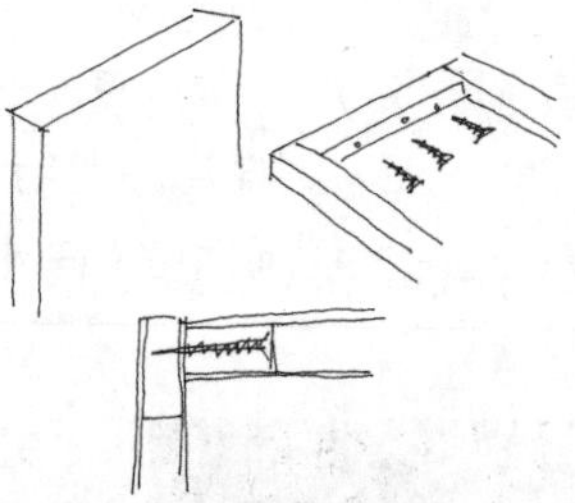

图 4-43　内侧螺钉接合

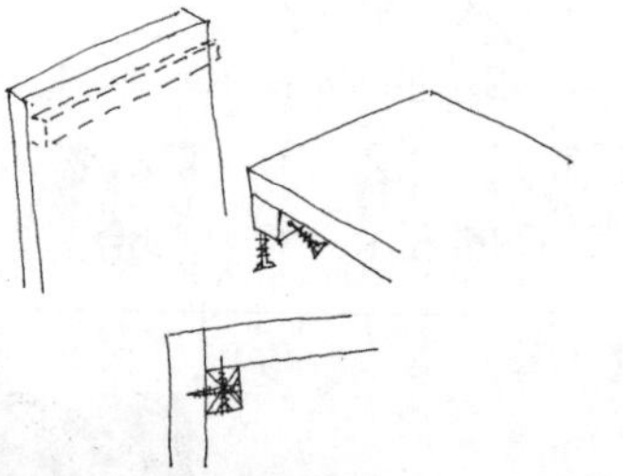

图 4-44　替木螺钉接合

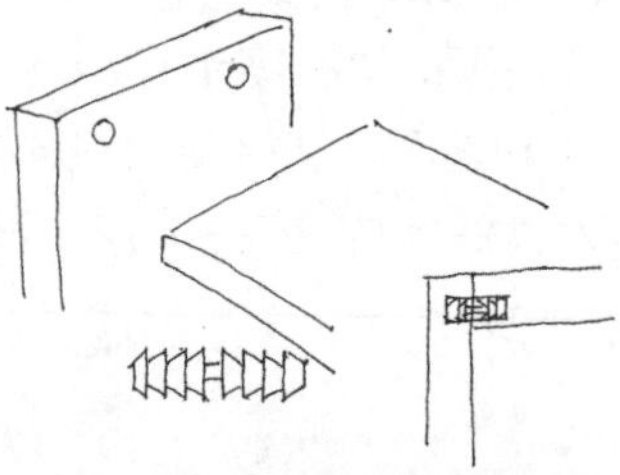

图 4-45　隔板尼龙倒刺接合

这几种常见的板式固定式连接方法可以结合起来使用，但必须保证连接强度，使木制品在使用中不会产生摇摆、裂角和影响门、抽屉的开启，并力求结构处理与外观造型美观、协调。

2. 拆装结构

拆装结构便于远距离运输、收藏，在生产上更为简便。但加工精度要求非常高，拆装结构适宜大机械化、自动化生产条件下的生产。有些拆装结构是模数设计，在功能上拆装结构还可以自由组合，产生多种造型与使用功能。

1) 偏心件连接

偏心连接件由圆柱塞母、吊杆及塞孔螺母等组成，吊杆的一端是螺纹，可连入塞孔螺母中，另一端通过板件的端部通孔，接在开有凸轮曲线槽内，当顺时针拧转圆柱塞母时，吊杆在凸轮曲线槽内被提升，即可实现两部分之间的垂直拆装。偏心件连接结构是采用最为普遍的一种拆装结构形式，如图 4-46 所示。

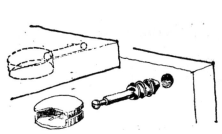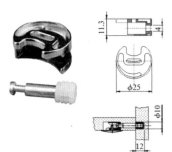

图 4-46　偏心件连接件

2) 圆棒榫连接

圆棒榫连接一般起定位作用，与其他方法结合使用，如图 4-47 所示。

3) 倒刺螺母与螺钉结合

由倒刺螺母、直接倒刺和螺钉组成，常用于板与板的结合，也是普遍采用的一种拆装结构形式。如图 4-48 所示为倒刺螺母与螺钉结合的图例。

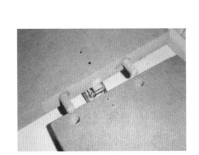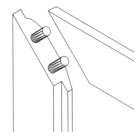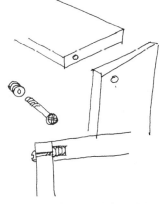

图 4-47　圆棒榫连接　　　　　　　　　　图 4-48　倒刺螺母与螺钉结合

4.3.3　胶结合结构

胶结合是木制品常用的一种结合方式，主要用于实木板的拼接及榫头和榫孔的胶合，其特点是制作简便、结构坚固、外形美观。

装配使用黏合剂时，要根据操作条件、被黏木材种类、所要求的黏结性能、制品的使用条件等合理选择黏合剂。操作过程中，要掌握涂胶量、晾置和陈放、压紧、操作温度和黏结层厚度这五大要素。

木制产品行业中常用的胶粘剂种类繁多，最常用的是聚醋酸乙烯酯乳胶液，俗称白乳胶。它的优点是使用方便，具有良好和安全的操作性能，不易燃，无腐蚀性，对人体无刺激作用。在常温下固化快，无须加热，并可得到较好的干状胶合强度，固化后的胶层无色透明，不污染木材表面。但耐水、耐热性差，易吸湿，在长时间静载荷作用下胶层会出现蠕变，只适用于室内木制品。

4.3.4　螺钉与圆钉结合结构

螺钉有盘头螺钉、圆柱头螺钉、半沉头螺钉和沉头螺钉。圆钉，即指钉子尖头状的硬金属（通常是钢），作为固定木头等物用途。

螺钉与圆钉的结合强度取决于木材的硬度和钉的长度，并与木材的纹理有关。木材越硬，钉直径越大，长度越长，沿横纹结合，则强度越大，否则强度越小。操作时要合理确定钉的有效长度，并防止构件劈裂。

4.3.5　板材拼接常用的结合结构

木制品上较宽幅面的板材，一般都采用实木板拼接而成。采用实木板拼接时，为减少拼接后的翘曲变形，应尽可能选用材质相近的板料，用胶粘剂或既用胶粘剂又用榫、槽、钉等结构，拼接成具有一定强度的较宽幅面板材。拼接的结合方式有多种，如图4-49所示。设计师可根据制品的结构要求、受力形式、胶粘剂种类，以及加工工艺条件等选择。

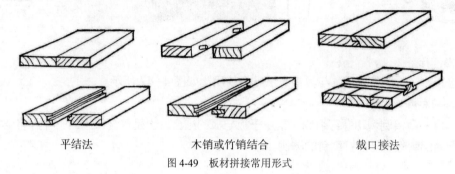

平结法　　　　　　　　木销或竹销结合　　　　　　　裁口接法

图 4-49　板材拼接常用形式

4.4　木材的加工工艺

凡是使用木工工具或木工机械设备对木材进行加工处理，使木材在形状、尺寸规格和物理性能等方面发生变化和改变而成为产品的零件、部件或组装成产品，其全部加工方法、过程及操作技术被称为木工加工工艺。木工加工工艺可分为手工木工工艺和机械木工工艺，这是产品最终实施的重要工艺手段，也是产品设计师必须了解与掌握的重要的工艺制作知识之一。但是因材料、结构及加工条件不同，其工艺方法差异很大。例如，手工木工工艺也分为手工实木木工工艺和手工人造板木工工艺；机械木工工艺，也分为机械实木木工工艺和机械人造板木工工艺。下面只以工艺为例概述其工艺过程。

手工实木木工工艺过程如下：板材干燥→配料→平面加工→划线榫头加工→榫眼加工→装配→修整。

4.4.1　手工实木木材工艺过程

1. 板材干燥

木材必须干燥，人造板在制成前的夹心木材也必须干燥。这是为什么呢？这就必须从木材的基本特性说起。

木材其重量适中、富于韧性、材色悦目、纹理美观、取材方便、易于加工，这是其优点。但是最大的缺点就是木材变形问题，而影响其变形的主要方面就是木材中的水分。木材中所含水分占本身质量的很大一部分，这些水分直接影响到木材的性质，水分的增减导致材性随之发生变化。随着干燥的过程，木材形体也随着发生改变。正是如此，木材的变形是很难控制的，因此，木材必须得干燥，让其先变形再做加工。

木材中的水分有三种状态，存在于细胞腔中的水分叫自由水，它是木材含水量的主要部分（最重）；细胞壁中的水分叫吸着水，它影响着木材的材性；另外一种是化合水。木材中水分的重量与全干（绝干）木材的重量之比叫作含水率。

含水率的测定方法如下。

1) 重量法

重量法是利用木材干燥前后的重量差与全干材（含水率为 0 时的木材密度重量，称为全干材密度或绝干木材密度）之比计算出木材的含水率。计算公式为：W=G 湿 −G 干 /G 干 × 100%。

W 为含水率，G 湿为湿的木材重量，G 干为全干材重量。

例如：取某同一木材中的甲乙两块体积、重量均等的薄木材（便于干燥），即湿材，重量均为 15.4g，其中一块木材干燥到含水率为 0 时，其重量假定为 10g，即全干材。而那块没干燥的木材含水率计算为：15.4-10/10 × 100%=54%。即，未干燥木材含水率为 54%。

这种方法是传统的含水率测试方法，优点是准确性高，但费时、费事。现在已被电测方法取代。

2) 电测法

全干木材具有绝对的绝缘性，但随着木材的含水率升高变化，其导电能力也随着升高变化。因此，利用木材中的含水导电性特性，间接来法测定木材的含水率。当木材的含水率增加时，则导电能力也增加；木材含水率减小时，则导电能力也减小，并用来测定木材中的水含量的方法为电测法。这是现在普遍采用的木材含水率的测试方法，简便可靠，如图 4-50 所示。

木材的含水率在生产中有很大意义。因地区不同，通过干燥的木质产品所用木材的含水率必须干燥到使用地区的平衡含水率以下，干燥木材的使用要求一般平均应为：南方为 12 ~ 18%，北方为 11% ~ 14%。否则做成的产品就会产生开裂和变形。图 4-51 所示为木材干燥窑示意图。

新化材（生材）含水率一般平均为 50% ~ 100%，湿材水运湿存后含水率一般大于 100% 以上。人工干燥材后的气干材、室干材一般含水率应为：南方为 12% ~ 18%、北方为 7% ~ 15%。

木材的平衡含水率受大气湿度影响，因地区不同，北方为 12%，南方为 18%，华北 16%，木材的平衡含水率在生产中有很大意义，木质产品用材的含水率必须干燥到使用地区的平衡含水率以下，否则做成产品会产生开裂和变形，如图 4-50 和图 4-51 所示。

图 4-50　木材含水率测定器

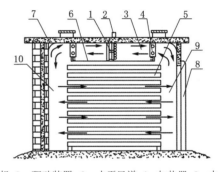

1—风机　2—驱动装置　3—水平风道　4—加热器　5—木材堆垛
6—隔板　7—导流板　8—门　9—右侧竖直风道　10—左侧竖直风道

图 4-51　木材干燥窑示意图

干燥木材的变形有如下几种形式。

歪偏：板面保持平直但横切面的形状发生变异，这就是径向干缩差所致。

翘曲：木材干燥后如果板面不是在一个平面上引起纵向形状改变。

干裂：木材在均匀干燥过程中发生的裂隙叫作干裂，是收缩不均而产生的一般从端头开始（这和干燥方法有关），如图 4-52 所示。

为了避免以上问题可采用如下方法。

● 使用径切板。

● 多层胶合板和细木工板，使其各层相互制约。

● 高温处理（110℃ ~ 150℃），干燥后再进行高温处理可稳定木材尺寸，降低木材的吸温性，但其木材的强度降低，材色改变，所以用于铅笔的木材采用这种方法。

● 封闭处理如打石蜡封闭，使其隔绝空气。

● 拼板、指接等工艺方法。

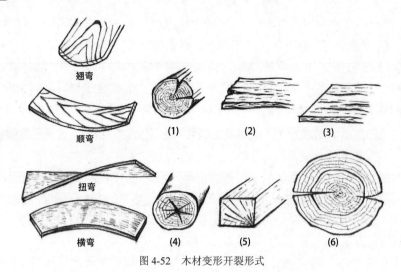

图 4-52　木材变形开裂形式

2. 配料

一般来说，一件木制产品都是由若干零部件组成，产品的各种零部件的规格、尺寸和用料等方面的要求是不同的。需按产品图纸和料单等所规定的质量和尺寸要求，将成材、板材、方材及人造板锯解成各种规格的留有进一步加工余量的毛料过程称为配料。配料主要包括选料、横向截断、纵向锯解等工序。

配料应注意的事项如下。

(1) 材料取材合理，避免浪费。

(2) 根据产品颜色及漆种进行选材。

(3) 每套或每批产品材质要一样。

(4) 拼板要软硬材质一致。

(5) 内外部材料要有区别。木材的出材率，产品的材质纹理等许多方面都取决于此道工序。

3. 平面加工

木材经配料加工后一般都是留有进一步加工余量的毛料，这些料要进一步经过平面加工成净料。毛料的平面加工包括基准面加工和相对面加工两方面。基准面包括平面、侧面和端面。它可以在压刨和平刨上完成型，也可用手工刨来完成。

1) 锯割

木材的锯割是小材成型加工中用得最多的一种操作。按设计要求将尺寸较大的原木、板材或方材等，沿纵向、横向或按任意曲线进行开锯，分解、截断、下料时都要运用锯割加工。锯割的工具有圆锯、带锯、手工框锯和钢丝锯等。锯割一般为粗加工，如图 4-53 和图 4-54 所示。

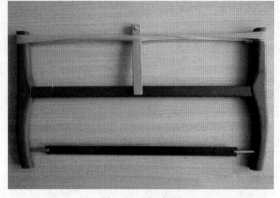

图 4-53　手工框锯

图 4-54　木工机械圆锯

2) 刨削

刨削是木材加工的基本工艺方法之一。木材经锯割后的表面一般较粗糙且不平整，须进行刨削加工。木材经刨削加工后可以获得尺寸和形状准确、表面平整光洁的构件。刨削加工是使用刨刀刃口沿木材表面倾斜一定角度相对运动，刮削木材表面，从而达到加工要求。刨削的工具主要有手工刨床、压刨削机床和平刨削机床，如图 4-55 至图 4-57 所示。

图 4-55　手工刨床　　　　　图 4-56　木工压刨削机床　　　　　图 4-57　木工平刨削机床

注意事项如下。

(1) 基准面必须平整。

(2) 面和面之间必须按要求呈 90°。

(3) 除长度还有加工余量外，其余都为净尺寸（净料）。

3) 铣削

木制品中的各种曲线零件，制作工艺比较复杂。木工铣削机床是一种万能设备，既可用来截口、起线、开榫、开槽等直线成型表面加工和平面加工，又可用于曲线外形加工，是木材制品成型加工中不可缺少的设备之一，如图 4-58 所示。

图 4-58　木工铣削床及铣削刀

4. 画线榫头加工

画线技术是手工木工工艺的重要基本功。不论开榫打眼都必须要进行画线，它是在看懂图纸和料单的基础上来完成的。手加工用开榫木工锯来完成，机械加工开榫机上来完成开榫。

注意事项如下。

(1) 看懂图纸弄清结构、规格数量。

(2) 根据每一根工件纹理节疤等因素确定表里位置。

(3) 在工作的一端留出截头余量，用角尺木工笔画清边与基准线。

5. 榫眼加工

榫眼加工是利用凿子的刃口凿削，在打击等外力的作用下，在木材指定位置切削并逐渐加工出方形、矩形等孔洞的加工方法，是传统手工凿削的木工加工工艺。现代机械凿削是在木工榫孔机床上利用各种形状的空心刀具（端部为刃口）上下往复运动，并配合空心刀具内钻头高速旋转钻孔切削，完成榫孔的加工。图 4-59 所示为木工手工凿子及木工榫孔机床。

图 4-59 木工手工凿子及木工榫孔机床

木制品构件间结合的基本形式是框架榫孔结构。因此，榫孔的凿削是木制品成型加工的基本操作之一。手工凿削榫眼既可用凿子来完成，也可用木工机械钻床来完成。

6. 装配

按照木制品结构装配图及有关的技术要求，将若干构件结合成部件，再将若干部件结合或若干部件和构件结合成木制品的过程，称为装配。木制品的构件间的结合方式，常见的有榫结合、胶结合、螺钉结合、圆钉结合、金属或硬质塑料连接件结合，以及混合结合等。采取不同的结合方式对制品的美观和强度、加工过程和成本，均有很大的影响，需要在产品制品设计时根据质量技术要求确定，如图 4-60 所示。

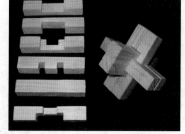

图 4-60 木工件装配

注意事项如下。

(1) 必须看清图纸工件和图纸上的零件，这是最基本的，不能搞错，要重复检查。

(2) 涂胶均匀不可遗漏，多余胶要清除，尤其是浅色家具。

(3) 对于装配完的部件框架应随时按要求进行校检，如发现串角、翘楞、接合不严应及时校正。

(4) 门抽屉要灵活。

7. 修整

修整按标准进行有企标、部标、国标标准，如外形误差不大于 3mm，正视倾角不大于 2mm 等。

4.4.2 木材弯曲成型工艺

在木制品制造中，根据造型和功能的需要，常需要制造、加工出一些曲线、曲面形态的零部件，根据木材的性质，采用一定的技术手段，通过弯曲成型实现这些要求是比较经济、合理的方法。木材弯曲成型工艺分为实木弯曲与多层板弯曲工艺两种，都是利用模具，通过加压的方法，将实木或多层薄木单板压制成各种弯曲件。用这种方法制成的弯曲件，具有线条流畅、形态美观、力学强度高、表面装饰性能好、材料利用率高等优点。

1. 实木弯曲工艺

常态下木材的可塑性较小，无法满足弯曲造型的需要。然而在特定的条件或状态下，例如，在一定温度的高温蒸汽熏蒸下，木材塑性将大幅度增加，处于一种很"软"的状态，很容易实现弯曲、变形，恢复到常态,木材的力学特性恢复,而木材的变形形态可永久固定。这就是目前木材弯曲技术的基本状况。使木材处于弯曲加工工艺需要的"可塑"性状态的技术方法和手段称为木材的软化处理。目前,软化处理方法主要有水热处理、高频加热处理及化学药剂处理等几种。

水热处理方法分为水煮和汽蒸两种。水煮方法处理时,容易使木材含水量过高,木材弯曲时拉伸面容易崩裂而报废,并且弯曲后干燥时间延长。目前生产上常采用汽蒸方法,汽蒸使用高温饱和蒸汽对木材进行熏蒸,熏蒸的温度、时间取决于弯曲木材的厚度、含水率、树种及弯曲要求的塑化程度等。木材的含水量是软化处理时一个重要的影响因素和控制指标。当木材的含水率大于木材的纤维饱和点时,在细胞壁内水分饱和的同时,细胞腔内也含有一部分水分。此时,当木材弯曲时,因细胞内水分过多移动缓慢,对细胞壁产生静压力,导致弯曲件拉伸表面纤维崩裂,造成废品。而当木材的含水率小于木材的纤维饱和点时,细胞壁内水分没有饱和,细胞腔内几乎没有水,细胞壁内的纤维素、半纤维素的塑化不足,弯曲性能差,木材弯曲时,同样容易导致木材拉伸面的破坏。为此,要求未进行软化处理的木材,其含水率为 10% ~ 15%;进行蒸煮软化处理过的木材,其含水率应为 25% ~ 30%;经高频加热软化的木材,其含水率为 10% ~ 12%。高频加热处理原理与微波炉相同,是将待弯曲木材放在高频电场两电极板间,使极性分子在高频交变电磁场作用下剧烈运动相互摩擦而产生热量,达到升温加热的目的,进而提高木材的塑性。高频加热处理速度快、效果好,可在木材弯曲后直接进入干燥定型工序,工序紧凑、高效。

木材软化处理后,即进入弯曲定型工序。手工加压弯曲需要借助预制的样板或模具及简单的夹具完成,如图 4-61 所示,将被弯曲木材的拉伸面紧密固定在带有手柄与挡块的金属夹板内的表面上。其方法是在木材端面与金属夹板挡块之间,打入模型木块,直至使木材的拉伸面与金属夹板表面紧密结合为止。木材与金属夹板被固定后,放入工作台上,使木材压缩面跟模型样板准确定位,并立即夹紧,用手握住金属夹板上的木柄进行弯曲。弯曲后用金属拉杆锁紧,即可送入干燥室中干燥定型。较大的弯曲件及板材弯曲可使用压力机完成,如图 4-62 所示,将待弯曲材料定位放置在一套子母模型(模具)中间,通过压力机加压进行弯曲,可多套模具重叠放置提高设备利用率和生产效率,弯曲到位后,可使用绳索、夹板等固定后,送入干燥室中干燥定型。

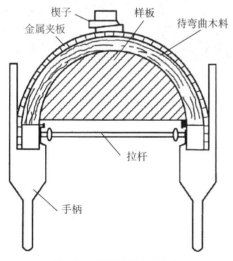

图 4-61　手工弯曲定型夹具

图 4-62　压力机弯曲定型

2. 多层板弯曲工艺

多层板弯曲是目前世界上较为流行的一种新的木质产品形式。其造型美观大方,体现了产品的简约特征;线条优美流畅,符合现代人的审美理念。

多层胶合弯曲工艺是将已旋切后的一叠奇数薄木做芯板,刨切薄木或微薄木做表板,经涂胶、配坯、热压弯曲成曲线状的零部件,再组装成各种木制产品的工艺。目前最先进的胶合技术是高频介质加热法,不同于一般加热胶合技术的是，它的作用对象是材料的分子，使分子在高频电场中反复极化，由强烈的摩擦而产生高温，达到胶合的目的。这种技术可使各层胶合部件同时加热、升温均匀，保证了各部位含水率及应力的均衡，使定型后的部件尺寸、外形较为稳定。一般的加热胶合技术则达不到这种工艺要求。其较实木弯曲有很多优点。

1) 木材利用率高

通常生产 $1m^3$ 多层胶合弯曲木耗用原木 $2.2m^3$ 左右，木材利用率达到 45% 左右，甚至提高到 75%。而实木弯曲受树种局限，损耗率高，木材利用率只有 25% ~ 30%。

2) 工艺简化，生产周期短

多层胶合板弯曲产品可减少原木处理、板材干燥及平、压刨加工和塑化等工序。生产周期可缩短，适合机械化大批量生产。

3) 可弯性能抗压强度高

由于单板的可塑性比实木大，因此多层胶合板弯曲的可弯性能良好。它的最小弯曲半径可达 15mm 左右。其抗弯、抗剪、抗压强度提高 15% 以上。

4) 生产成本降低

多层胶合板弯曲木与实木家具比较，产品造型曲直交替，简洁新颖，拆装灵活，运输方便，使用舒适。采用多层胶合弯曲方法生产曲木家具要比实木弯曲的方法工艺提高 80% 左右；降低生产成本约 30%。多层胶合板弯曲自然、线条流畅、保持木材纹理的完整、不会损坏木材纤维、经久耐用。另外，多层胶合弯曲工艺生产的产品，可在较大曲面上根据人体特点及使用要求进行弯曲成型。图 4-63 所示为阿尔瓦•阿尔托经典帕米奥多层板曲木椅的加工过程。

图 4-63　阿尔瓦•阿尔托经典帕米奥多层板曲木椅的加工过程

4.5　木材涂饰工艺

用于木材制品上的涂料统称为木器涂料，包括实木及人造板制品的家具、门窗、地板、护墙板、日常生活用木器、木制乐器、体育用品、木制文具、木制工艺品、儿童玩具等所用涂料。而涂料在木材制品上的涂饰过程为木材涂饰工艺。木材是天然产物，材质不均匀，多孔，遇到水膨缩。因此，木制品表面必须涂饰，以形成保护层，并使产品美观悦目。

4.5.1　木材涂饰的要求和目的

1. 保护性

木材涂饰要有良好的附着性，有一定的机械性能，耐寒、耐水、耐磨、耐酸碱，以及足够的弹性，以适应木材因含水率的变化而引起的龟裂、弯曲、变形，并防止木材虫蛀、糟朽，使其耐污染、耐水侵、耐磨损。

2. 装饰性

木材其特殊的纹理、材色及材质经涂饰后更具有自然美，引人入胜，拥有巨大魅力。因此，根据不同的设计思想和功能来选择不同质地、不同色彩、不同深浅种类的涂料与工艺，对被涂饰的产品起到美化的作用。

3. 工艺性

利于生产和操作工艺。

4. 经济性

提高被涂木质产品的商品价值。

4.5.2　中国的漆文化

中国漆艺涂饰工艺是人类宝贵的文化财富。1976 年，在浙江余姚河姆渡原始社会遗址出土一木胎漆碗和漆筒。据考，其制作年代距今已有 7000 余年，是目前发现的最为古老的漆器。夏商周时期，伴随着青铜生产工具的使用，漆器嵌玉贴金，使生漆装饰艺术走向了多元化发展之路；春秋战国时代，随着铁器时代的到来，"油漆"制造技术的发明，生漆装饰艺术体系日臻完善，漆工艺的发展突飞猛进，最终迎来了秦汉时期生漆艺术的辉煌，为中国漆文化的历史树立了一座高耸的丰碑；三国至隋唐时期，是漆文化的消长时期，它承前启后，使中国的漆器走上了向精品工艺美术品发展的轨迹。密陀僧、绿沉漆等工艺的出现，就是这一时代的中国漆文化发展的杰出成就。而后来夹纻造像、金银平脱工艺成为典型代表；宋、元、明、清时期生漆，精制关键技术的突破，把生漆工艺推向了极致。其中，大漆、桐油（包括核桃、油茶、核桃与乌桕）和蜂蜡并称为我国三大涂饰原料与工艺。至今仍是我们的宝贵遗产，用于木器、家具、漆器、工艺产品、古建筑和彩画油饰，甚至是高档的工业产品中。

4.5.3　现代木材涂料分类

现代木材涂料品种很多，目前常分为以下几种。

按油漆中的成膜物质为基础进行分类，若成膜物质有两种或两种以上，则按在漆膜中起主要作用的一种物质为基础分类，主要分为硝基漆、聚氨酯漆等。

按状态分类，可分为水性漆和油性漆。水性漆以水作为溶剂，包括水溶型、水稀释型和水分散型（乳胶漆）三种。油性漆是以干性油为主要成膜物质的一类涂料，如硝基漆、聚氨酯漆等。

按作用形态分类，可分为挥发性漆（含溶剂，如水和溶剂汽油等）和不挥发性漆（不含溶剂，如蜂蜡和核桃油等）。

按装饰效果可分为清漆、色漆和半透明漆三种。清漆指的是在涂刷完毕后仍可以见到木材本身的纹路及颜色；色漆即在涂刷以后会完全遮盖木材本身的颜色，只体现色漆本身的颜色。

按木材导管纹理分开放式（底修色）和封闭式（面修色）两种。开放式涂料是一种完全显露木材表面管孔的涂料，其主要成分为聚氨酯，表现为木孔明显，纹理清晰。封闭式涂料能将木材管孔深深地掩埋在透明涂膜层里为主要特征的一种涂料，其主要成分为不饱和树脂。表面涂膜丰满、厚实，亮光，表面光滑。

4.5.4　木材涂料工艺

1. 木材涂料工艺分类

木材涂料工艺可分类方法很多。按木材纹理，分为保持木纹纹理和不保持木纹纹理涂饰工艺两大类；

按木器产品制造工艺,分为有板材预涂饰和木器成品涂饰工艺;按涂料类型,分为溶剂型涂料、水性涂料及无溶剂涂料饰涂工艺;按成膜物质,分为天然树脂类涂料和合成树脂类涂料涂饰工艺。

2. 保持木纹纹理的涂饰工艺

因涂料种类众多,其工艺方法也因操作者及生产条件、设备等各方面因素不同,导致涂料工艺相差甚远。保持木纹纹理和不保持木纹纹理涂饰工艺介绍如下。

为了保持高级木材尤其是硬木材制作的木制品优美纹理,如用红木、花梨木、水曲柳木、柞木、柚木、樟木、榉木等阔叶树木材制品,通常采用保持木材纹理的油漆涂装工艺。常用的油漆品种有虫胶清漆、醇酸清漆和硝基清漆等,施工过程如下。

1) 前处理:白茬处理。

(1) 砂磨:先后用 1 号和 0 号的砂皮,顺木材纹理将木材表面和填刮的腻子通磨一遍,再用毛刷将表面清理干净。

(2) 去毛:用干净的布在热水中浸湿,遍擦木材表面,使木材表面的"浮毛"吸水膨胀后翘起,待干燥后将"浮毛"砂净。

(3) 脱脂:例如松木、柏木含油脂多,不易上色,涂装后容易返粘。应挖掉或用烧热的烙铁将油脂烫掉,也可用 25% 丙酮水(或硝基稀料)刷涂,将表面油迹溶解干净。

2) 漂白:经过漂白可以使木材天然色素氧化、褪色,将色斑和不均匀的色调消除。浅色木材或要染成与原来木材颜色无关的任意色彩时,要进行漂白处理。

3) 染色处理:为了使木材纹理清晰、生动,得到理想的色彩,可进行染色处理。染色包括水色染色和油色染色两种。水色又包括用颜料和染料两种方法,染料的表中黑纳粉和黄纳粉是由几种酸性燃料混合制成,配置溶液时水的温度在 90° ~ 100° 为好。也可用染料:乙醇:虫胶漆 =6 份:70 份:24 份,配制油性染料。

染色时用羊毛刷蘸水色顺纹理刷涂,否则纹饰杂乱,影响漆膜效果。

4) 底漆:用醇酸清漆、硝基清漆(腊克漆)、树脂漆刷涂或喷涂。需要注意的是,不要太厚,可用稀料把漆稀释后再刷涂,稀料将迅速干燥,使油漆在木材表面形成很薄的保护层。目的是对后道漆起到托漆的作用。

5) 中漆:底漆干燥后,用细水砂纸或细纱布轻轻打磨,去掉表面毛刺与颗粒,用醇酸清漆、硝基清漆(腊克漆)、树脂漆刷涂或喷涂。等干燥后再用水砂纸轻轻打磨,然后刷涂第二道。中漆一般 2 ~ 3 遍,如醇酸清漆。有些漆种需要刷涂几遍,甚至十几遍,如硝基清漆。

6) 罩光:最后一遍是罩光漆,也称为面漆。需精细,如果是刷涂应顺纹理方向刷涂,漆膜稍厚于前几道漆,注意不能出现柳痕。再经 48 小时干燥后打蜡抛光。

3. 不保持木纹纹理涂饰工艺

用各色的酚醛漆或醇酸漆涂装木制品表面,它不仅遮盖了木材表面的纹理,同时还掩盖了表面的一些缺陷,因此对木材的表面质量要求不高。下面以白色家具的油漆方法为例介绍施工过程。

(1) 首先将表面的胶痕、油迹、松脂清除干净,然后用 1 号砂皮顺木纹通磨一遍。

(2) 用虫胶液(也称为泡力水,用漆片溶在 95% 的乙醇中制成)和白老粉(大白粉、双飞粉)调成厚糨糊状,然后用刮刀把表面全部嵌尽,表面要平整。干燥后用 1 号旧砂皮,顺木纹将表面砂平。

(3) 将适量的利德粉或大白粉加入虫胶液中,加入量使得虫胶液成为白色即可。然后用羊毛板刷顺木纹,自上而下,从左至右刷三度(三遍)。每一度干后,用旧砂皮砂一遍。

(4) 刷过三度后表面基本呈白色,将表面仔细擦干净,刷涂腊克漆。腊克漆用稀释剂按 1:1 稀释,再用羊毛刷均匀刷三度,干燥后用旧砂皮通砂一遍。

(5) 用细砂布包裹脱脂棉,浸稀释的蜡克漆(腊克漆:稀释剂 =1:2)涂抹一遍。

(6)经过36小时干燥,用360～420目水砂纸,沾肥皂水,顺木纹的纹理通砂一遍,手感应很平滑,将表面清理干净。最后用家具砂蜡和煤油浸透的棉布,顺木纹用力擦磨,直至表面发热为止,再用干净软布擦净表面,涂上光蜡,待未干时使用柔软的布擦一遍,全部过程完毕。

4.6 典型木制品案例赏析

木制品的经典案例不胜枚举,不同时期、不同环境、不同文化对造物的追求目标总是不同的,我们用今天的设计、生活观念去诠释、理解和解读,难免挂一漏万、以偏概全。在此,我们按照材料利用的合理有效性、设计观念的影响,设计、技术对后来的影响等几个因素选择几件产品做下介绍和评介。

1. 斗拱

如图4-64所示,斗拱作为中国古代建筑上特有的构件,是将木材料特性与力学结构、美学完美结合的典范。斗拱位于较大建筑物的支撑柱与屋顶间的过渡部分,其功用在于承受上部支出的屋檐,将其压力或直接传递到支撑柱上,或间接地先转移至额枋上再转到支撑柱上。斗拱是榫卯结合的一种标准构件,是力传递的中介。斗拱的结构是由多件较小的构件相互咬合、榫接、叠合而成的大构件。斗拱建筑结构和现代梁柱框架结构极为类似。构架的节点不是刚接,保证了建筑物的刚度协调。遇到地震,采用榫卯结合的空间结构虽会"松动"却不致"散架",消耗地震传来的能量,使整个房屋的地震荷载大为降低,起了抗震的作用。斗拱使人产生一种神秘莫测的奇妙感觉,它构造精巧,造型美观,如盆景,似花篮,在美学和结构上它也拥有一种独特的风格。无论从艺术或技术的角度来看,斗拱都足以象征和代表中华古典的建筑精神和气质。

图4-64 斗拱

2. 索耐特14号曲木椅

如图4-65所示为最著名的索耐特椅子,是1859年设计、生产推出的索耐特14号(thonet 14)曲木椅。这把椅子利用蒸汽曲木技术制作,造型优美、流畅、轻巧,所有零部件都可以拆装,方便运输及工业化生产（见图4-66），被称为"椅子中的椅子"，因此一亮相即博得广泛赞誉，迅速流传开，甚至出口到清末的中国。这把椅子从那时候批量生产，长久不衰，截止到1930年已经生产了3000万把，至今已经生产超过5000万把，1867年举办的巴黎世博会授予索耐特14号椅子金奖。它的成功不仅代表技术、生产方式的进步，更是现代设计理念的进步。索耐特发明了蒸汽曲木技术，并完美地运用了新的技术，满足了新的消费需求，开拓了工业革命时期家具的新风格，加速了家具进入成熟和完美阶段的步伐。

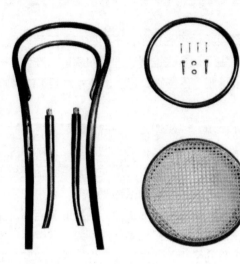

图4-65　索耐特14号曲木椅

索耐特曲木椅获得许多现代设计师的认同，并仍然对当代设计产生着影响。勒·柯布西耶早年为自己的建筑室内所选择的家具中，即以索耐特椅为主。很多当代设计都表达了对索耐特14号曲木椅的敬意。无印良品在2007年就策划了MUJI plus THONET项目，邀请英国设计师James Irvine重新诠释了索耐特14号曲木椅。他将椅子的高度比例放低拉宽，让椅背从原本的圆弧形变成椭圆卵形，去除不必要的支撑，再将前方两支椅脚拉直，就成了一件融合Muji柔和生活感与索耐特经典线条的neo-No14，如图4-67所示。

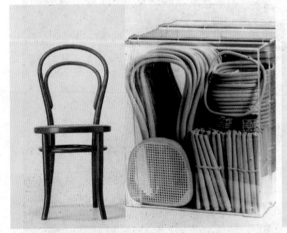
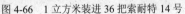

图4-66　1立方米装进36把索耐特14号　　　　图4-67　无印良品的neo-No14与索耐特椅子

3. 明式圈椅

圈椅最明显的特征是圈背连着扶手，从高到低一顺而下；座靠时可使人的臂膀都倚着圈形的扶手，感到十分舒适，颇受人们喜爱。圈椅造型圆婉优美，体态丰满劲健，是中华民族独具特色的椅子样式之一。圈椅是明代家具中最为经典的制作。明代圈椅，造型古朴典雅，线条简洁流畅，制作技艺达到了炉火纯青的境界，如图 4-68 所示。"天圆地方"是汉族文化中典型的宇宙观，不但建筑受其影响，也融入了家具的设计之中。圈椅是方与圆相结合的造型，上圆下方，以圆为主旋律，圆是和谐，圆象征幸福；方是稳健，宁静致远，圈椅完美地体现了这一理念。从审美角度审视，明代圈椅造型美、线条美，与书法艺术有异曲同工之妙，又具有中国泼墨写意画的手法，抽象美产生的视觉效果很符合现代人的审美观点。圈椅的扶手与搭背形成的斜度、圈椅的弧度、座位的高度，这三度的组合，比例协调，构筑了完美的艺术想象空间。明代家具非常注意结构美，运用卯榫结构，榫有多种，适应多方面结构，既符合功能要求和力学结构，又使之牢固、美观耐用。至清朝时期，喜爱繁复的雕饰与华美的造型之风渐盛，原本简约的圈椅也做了大幅改观，加入了透空雕刻扶手与托泥和龟足，使圈椅出现了一种华贵的风格。

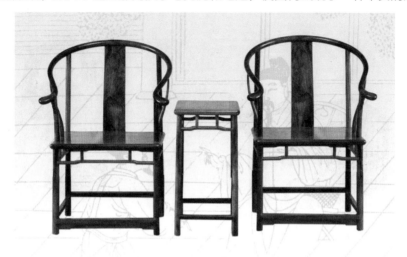

图 4-68　明代圈椅

中国传统设计，明椅是一个巅峰，继承并发展成为当今设计值得探索的问题。丹麦设计师 Hans Wegner(汉斯·瓦格纳) 将明椅中的美学在现代设计中再生、重新诠释，设计了一系列"中国椅"，成为欧洲当代"中国风"设计的经典之作，如图 4-69 所示。

图 4-69　汉斯设计的中国椅

4. Magno 系列收音机

如图 4-70 和图 4-71 所示，Magno 系列收音机由欧洲的产品设计师 Singgih Kartono 所设计，他崇敬自然，遵循环境保护及支持传统手工艺的理念，Magno 用的木材均采自印度尼西亚当地可持续森林的环保树木，每件产品均由印度尼西亚村落的当地村民纯手工制作，并以"It takes 16 hours to create a fine radio"作为噱头。Singgih 效仿传统木匠，培养员工手工雕刻一系列的收音机套壳，另外他也积极参与环保，Magno 承诺，每用掉一棵树的木材就会种植一棵新的树。Magno 系列产品融合时尚与复古风格，表面只经过简单的涂装，将定期上油保养的工作留给使用者，以建立起人、物件、生活与自然间的情感联系。Magno Radio 由深浅两色系列原木组合而成的外形，复古而独特。除了听广播，也可以连接 MP3 播放音乐，英国的 Wallpaper 杂志对此款产品似乎情有独钟、盛赞有加，赞扬其魅力在于"它发出的声音如同真人在唱歌！"

图 4-70　作品 1

图 4-71　作品 2

　　Magno Radio 系列作品荣获了 Design Museum's 2009 年设计大奖、日本 GOOD DESIGN 设计奖。

《第5章》
陶瓷材料及其加工工艺

5.1 陶瓷概述

陶瓷是陶器和瓷器的总称。陶器是由黏土或以黏土、长石、石英等为主的混合物，经粉碎、研磨、筛选、柔和、成型、干燥、烧制而成，烧制温度一般在900℃左右的器具总称；瓷器则是用瓷土烧制的器皿，也是经研磨、筛选、柔和、成型、干燥、烧制而成，烧制温度需要1300℃左右的器具总称。

但是现存，人们习惯上把用黏土或瓷土制成的坯体，将其放置在专门的窑炉中高温烧制的器具总称为陶瓷。有关陶瓷的概念界定问题，目前还存在不同意见。广义上认为，凡是用陶土和瓷土（高岭土）的无机混合物做原料，经过研磨、筛选、柔和、成型、干燥、烧制等工艺方法制成的各种成品统称为陶瓷。

陶瓷材料也是人类应用时间较早、领域较广泛的材料之一。它的主要原料取之于自然界中的硅酸盐矿物（如黏土、石英等），因此与玻璃、水泥、搪瓷等材料，同属于"硅酸盐工业"的范畴。由于陶瓷泥料有着天然的亲和力，所以自陶瓷器物生产以来，一直受到人们的喜爱，在当下产品设计领域中陶瓷材料的运用依旧占据着重要的地位。尤其近年来有关人与自然和谐共处的问题开始普遍受到社会的关注，陶瓷材料更是以其独有的自然魅力受到大众青睐，它的价值也逐渐被大众认识和接受。在专业领域中，围绕着陶瓷产品所展开的相关研究也逐渐多了起来。

5.2 陶瓷在中国的产生和发展

中国人早在约8000年（新石器时代）前就发明了陶器。中国是世界上发明陶器最早的国家之一。西亚是最早出现的釉陶，而将釉陶提升至瓷器，则是中国最伟大的发明之一。

通过历史的演进，从最早的陶器到商朝出现早期釉陶，到隋唐的三彩技术、元朝的青花和釉里红技术、明清时期的五彩、斗彩和珐琅彩技术一直到现代陶艺，中国陶瓷的发展在相当长的历史时期内，对世界陶瓷艺术和文化产生了深远的影响。

中国的陶器发展最早是在公元前5500至5000年之间。黄河流域裴李岗文化，第一次出现了双耳三足壶，以红色的泥土为主的红陶烧制。河南仰韶文化最早出现彩陶，如典型的人面网纹盆，如图5-1所示。山东出现了龙山文化出土的黄陶、蛋壳陶。在长江流域巫山一代大溪文化出土了红陶陶器，湖北屈家岭出土了黑陶，浙江河姆渡出土了夹灰黑陶，浙江马家浜文化出土了夹砂红陶。另外，我国北方地区、西南地区、东南地区也都出土了大量陶器。陶制器物有一个缺陷就是沁水的问题。水在装入陶制器物以后会自然挥发，

图5-1　人面网纹盆

还会沁入陶器本身，从器壁沁出流失水分。在商代时出现了原始的瓷器，工匠们发现在烧制陶器的过程中将陶器表面涂上氧化物质一起烧制，当炉温过高，瓷釉会熔化后流下来形成釉滴。这种釉滴是近透明的玻璃态物质，它可能是最早的中国古玻璃，烧制出来后这种玻璃物质会附着在陶器上，使陶器的沁水问题得到解决，这就是原始的瓷器的产生。因为这种类似玻璃的物质烧制后呈青灰色，后来把它称作青釉陶。

秦朝统一中国以后，也统一了制陶技术，陶器除了器皿类的还有陶塑。最典型的就是兵马俑，如图 5-2 所示。兵马俑是将人物俑分为头、上肢、体腔、下肢、足五部分，分别塑造，再黏结在一起晾干以后分别烧制，烧制完成后组合在一起。

如图 5-3 所示为西汉武帝时期出现的一种表面挂铅釉的陶器，是汉代制陶工艺的一种创新。铅釉陶表面的铅釉主要以氧化铁和铜作为着色剂，以铅的化合物为基本助熔剂，在 700℃ 左右开始熔融，温度较低，属于低温釉陶。在氧化气氛下烧成，铜使釉呈现美丽的翠绿色，铁使釉呈黄褐和棕红色，釉层精美透明，釉面光泽平滑。在南方也生产青釉陶，火度高，釉质较硬，是后来发展青瓷的开端。东汉中后期就有了青瓷，选用一般的高岭土，使用龙窑进行烧制。

图 5-2 兵马俑   图 5-3 铅釉陶

三国两晋时期，江南陶瓷业发展迅速，所制器物注重品质，加工精细，可与金、银器相媲美。东晋南朝时期，出现了一种独特的且对后世有深远意义的白瓷，它的坯体由高岭土或瓷石等复合材料制成，在 1200℃～1300℃ 的高温中烧制而成，胎体坚硬、致密、细薄而不吸水，胎体外面罩施一层釉，釉面光洁、顺滑、不脱落、剥离。这一时期的瓷器已取代了一部分陶器、漆器、铜器，成为人们日常生活中主要的生活用品之一，被广泛用于餐饮、陈设、文房用具、丧葬明器等。

唐代瓷器更有了新的发展，瓷器的烧成温度达到 1200℃，瓷的白度也达到 70% 以上，接近了现代高级细瓷的标准。这一成就为釉下彩和釉上彩瓷器的发展打下了基础。唐代最著名的瓷器为越窑与邢窑出产的瓷器，如图 5-4 和图 5-5 所示。

图 5-4 越窑青瓷   图 5-5 邢窑白瓷

唐代还盛行一种独特的陶器，以黄、绿、褐为基本釉色，故名唐三彩。唐三彩是一种低温釉陶器，由于在色釉中加入不同的氧化物，经过焙烧形成了多种色彩，但多以黄、绿、褐三色为主。唐三彩的出现标志着陶器的种类和色彩更加丰富多彩，但多用于明器，如图 5-6 所示。

图 5-6　唐三彩

宋代是中国古代陶瓷发展的重要时期，北方有定窑的白釉印花、汝窑的青瓷、官窑烧制的蟹爪纹、钧窑乳光釉和焰红釉、磁州窑烧制的釉下彩、耀州窑的青釉刻花；南方有吉州窑的黑瓷、龙泉窑的粉青釉和梅子青釉、景德镇窑的影青、建窑的黑瓷，都各有特色。其中定窑、汝窑、官窑、哥窑、钧窑为五大名窑，形制优美，不但超越前人的成就，连后人模仿也很难匹敌，如图 5-7 至图 5-11 所示。

图 5-7　定窑白瓷　　图 5-8　汝窑青瓷　　图 5-9　钧窑瓷器　图 5-10　官窑青瓷　　图 5-11　哥窑瓷器

元代的瓷业较宋代衰落，然而这个时期也有新的发展，如青花和釉里红的兴起。白瓷成为瓷器的主流，釉色白中泛青，带动以后明清两代的瓷器发展。青花是在白瓷上用钴料画成的图案烧制而成，画料号用一种蓝色，但颜料的浓淡、层次都可以呈现出极其丰富多样的艺术效果，如图 5-12 所示。釉里红是以铜为呈色剂，在还原的气氛中烧成的，是烧制瓷器较难的一种，往往呈火红色或暗褐色，相当不稳定，产量不多，传世更少，如图 5-13 所示。

图 5-12　元青花盘　　　　　图 5-13　元釉里红龙纹玉壶春瓶

明代以前的瓷器是以青花为主，明代之后以白瓷为主，特别是青花、五彩成为明代白瓷的主要产品。到了明代几乎形成由景德镇各瓷窑一统天下的局面，景德镇瓷器产品占据了全国的主要市场，因此，真正代表明代瓷业时代特征的是景德镇瓷器。景德镇的瓷器以青花为主，其他各类产品如釉下彩、釉上彩、斗彩、单色釉等也都十分出色，如图 5-14 所示。

清代尤其是清初期，瓷器制作技术高超，装饰精细华美，成就不凡。图 5-15 所示为黄地珐琅彩牡丹纹碗，属于珐琅新瓷，是在康熙晚期才创烧成功的，数量极少，传世品十分罕见，尤显其珍贵。雍正时期粉彩瓷是珐琅彩之外，清宫廷又一创烧的彩瓷。在烧好的胎釉上施含砷物的粉底，

图 5-14　明代陶瓷

涂上颜料后用笔洗开，由于砷的乳蚀作用颜色产生粉化效果，如图 5-16 所示。

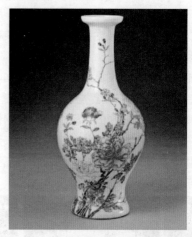

图 5-15　黄地珐琅彩牡丹纹碗　　　　图 5-16　清雍正粉彩牡丹纹盘口瓶

另外，紫砂作为宜兴一种特有的矿产，开采用作茶具生产，一般呈赤褐色、黄色或紫色，也是在这个时期发展壮大起来的。到了民国时期官窑渐渐没落，留存下来的民窑以烧制青花、点彩的日用品为主，直到 20 世纪 50 ～ 60 年代起广东佛山、江西景德镇等地才又开始烧制瓷器。广东佛山开始研究制作骨瓷。

5.3　陶器与瓷器

陶器和瓷器是人们经常接触的日用品，有时从表面上看来很相似，但其实各有特色。陶器一般用陶土做胎，烧制陶器的温度大体在 900℃ ～ 1050℃ 之间，若温度太高，陶器就会被烧坏变形。陶器的胎体质地比较疏松，有不少空隙，因而有较强的吸水性。一般的陶器表面无釉或者施以低温釉。

陶和瓷的原料都源于自然，并都经过火的烧结发生反应，表现出陶和瓷都是火与土的艺术魅力。由于陶器的出现在前，瓷器的出现建立在陶器的基础之上，在很多方面受到了陶器的影响，如人们在火的性能掌握和对黏土特点的充分认识等。但陶与瓷无论就物理性能，还是化学成分而言，都有本质的不同。

有关陶器与瓷器的区别主要有如下几点。

1. 烧成温度不同

陶器烧成温度都低于瓷器，最低甚至达到 800℃ 以下，最高可达 1100℃ 左右。瓷器的烧成温度则比较高，大都在 1200℃ 以上，甚至有的达到 1400℃ 左右。

2. 坚硬程度不同

陶器烧成温度低，坯体并未完全烧结，敲击时声音发闷，胎体硬度较差，有的甚至可以用钢刀划出沟痕。瓷器的烧成温度高，胎体基本烧结，敲击时声音清脆，胎体表面用一般钢刀很难划出沟痕。

3. 使用原料不同

陶器使用一般黏土即可制坯烧成，瓷器则需要选择特定的材料，以高岭土做坯。烧成温度在陶器所需要的温度阶段，则可成为陶器，如古代的白陶就是这样烧成的。高岭土在烧制瓷器所需要的温度下，所制的坯体则成为瓷器。但是一般制作陶器的黏土制成的坯体，在烧到 1200℃ 时，则不可能成为瓷器，会被烧熔为玻璃质。

4. 透明度不同

陶器的坯体即使比较薄也不具备半透明的特点。例如，龙山文化的黑陶，薄如蛋壳，却并不透明。瓷器的胎体无论薄厚，都具有半透明的特点。

5. 釉料不同

陶器有不挂釉和挂釉的两种，挂釉的陶器釉料在较低的烧成温度时即可熔融。瓷器的釉料有两种，既可在高温下与胎体一次烧成，也可在高温素烧胎上再挂低温釉，第二次低温烧成。以上几个方面中，最主要的条件是原材料和烧成温度，其他几个条件，都与这两条密切相关。因此，制陶工匠一旦掌握了烧成温度的技术，并认识到高岭土与一般黏土的区别，便具备了发明瓷器的条件。

陶与瓷的不同之处还表现在：陶器的发明并不是一个国家或某一地区的先民的专门发明，它为人类所共有，只要具备了足够的条件，任何一个农业部落、人群都有可能制作出陶器，而瓷器则不同，它是我国独特的创造发明，不仅在国内发展迅速，同时远销海外，才使制瓷技术在世界范围内得到普及。因此，瓷器是我国对世界文明的伟大贡献之一。

5.4　陶瓷的分类

5.4.1　普通陶瓷原料

普通陶瓷材料以天然黏土为原料，混料成型，烧结而成。按原料分为黏土类、石英类和长石类三大类。

1. 黏土类

黏土是陶瓷的主要原料之一，其具有可塑性和烧结性，如图 5-17 所示。陶瓷工业中主要的黏土类矿物有高岭石类、蒙脱石类和伊利石（水云母）类等，主要黏土类原料为高岭土，如高塘高岭土、云南高岭土、福建龙岩高岭土、清远高岭土、从化高岭土等。

2. 石英类

在陶瓷生产中，石英作为瘠性原料加入陶瓷坯料中时，在烧成前可调节坯料的可塑性，在烧成时石英的加热膨胀可部分抵消坯体的收缩，如图 5-18 所示。将其添加到釉料中时，可提高釉的机械强度、硬度、耐磨性、耐化学侵蚀性。石英类原料主要有釉宝石英、佛冈石英砂等。

3. 长石类

长石是陶瓷原料中最常用的熔剂性原料，在陶瓷生产中用作坯料、釉料熔剂等基本成分稠的玻璃体，是坯料中碱金属氧化物的主要来源，能降低陶瓷坯体组分的熔化温度，利于成瓷和降低烧成温度，如图 5-19 所示。在釉料中做熔剂，形成玻璃相。

图 5-17　黏土

图 5-18　石英

图 5-19　长石

长石类原料有南江钾长石、佛冈钾长石、雁峰钾长石、从化钠长石、印度钾长石等。

5.4.2　陶瓷材料的种类

陶瓷材料在人类生活和现代化建设中是不可缺少的一种材料。它是继金属材料、非金属材料之后人们所关注的无机非金属材料中最重要的材料之一。它兼有金属材料和高分子材料的共同优点，随着技术的提高，它的易碎性有了很大的改善。陶瓷有多种分类方法，按时间发展总体概括为传统陶瓷（普通陶瓷）

和特种陶瓷（先进陶瓷）两大类，特种陶瓷分为功能陶瓷、结构陶瓷等。

一般人们习惯按以下四个方面进行分类：按用途普通陶瓷可分为日用陶瓷、艺术（陈列）陶瓷、建筑陶瓷、电瓷等。

1. 日用陶瓷

日用瓷器是日常生活中人们接触最多，也是最为熟悉的，用来满足人们一般日常生活中所需功能的瓷具，如餐具、茶具、咖啡具、酒具及陈设瓷等。在历史上，日用瓷器是从日用陶器发展而来的，由于两者在性能与制造上有相似之处，因此人们习惯上把它们放在一起统称为日用陶瓷。按使用要求分为饮具和餐具。餐具中又分为中餐具（见图 5-20）、西餐具、日式餐具等，饮具一般有茶具（见图 5-21）、咖啡具、冷热水具等产品。

日常使用的陶瓷根据不同的使用场合，可分为公共陶瓷和家庭陶瓷，如在宾馆、饭店、航空、铁路、医院等均有日用的陶瓷使用，可以为人们提供各种使用功能是日用陶瓷的最大特点。日用陶瓷不只是实用，它的特点更体现在实用性和艺术性的结合，是作为一件精美的工艺品的同时又是满足人们需求的产品。

目前，陶瓷还可以应用于家具类产品的设计，如图 5-22 所示。将陶瓷材料应用于餐桌设计中，不仅能体现其实用价值的优势特性，也使家具耐磨损、易清洁、不变形、不褪色，而且具有其他材料无法比拟的艺术效果。将陶瓷材料如何更广泛地应用于日用产品设计中，也是目前设计师研究的方向之一。

图 5-20　中餐具　　　　　　　　图 5-21　陶瓷茶具　　　　　　　图 5-22　陶瓷桌子

日用陶瓷从制作工艺上又可分为手工制和机器制两类。目前市场上流通的主要是机器制日用陶瓷，有日用细瓷器、日用普瓷器、日用炻瓷器、骨质瓷器、玲珑日用瓷器、釉下（中）彩日用瓷器、日用精陶器等。而手工制现多为艺术陶瓷。

其实有关日用陶瓷的定义并没有明确的界定，从日用陶瓷的概念角度来说，陶瓷首饰也属于日用陶瓷的范畴，但制作规模和范围有着很大的局限性。目前我国陶瓷首饰发展得不够成熟，需要设计师们勇于创新，不断探索。

如图 5-23 所示，这组陶瓷首饰设计就是设计者在了解和掌握陶泥的特性后手工制作而成的，上面的肌理待它未干燥时用刻刀顺其形态雕刻加以修饰而成，使之更加淳朴自然。此款陶瓷首饰釉色分别是：祭蓝色、菠萝黄、紫罗兰、汝天青等。通过喷釉、刷釉、浸釉的上色方法，在通过 1300℃ 高温成瓷后，颜色也会不同，所表现的色彩让人充满幻想。陶瓷的色彩就是这般神奇，釉色的不同，上釉的方法不同，不同的釉色通过高温会产生釉色的变化，种种不确定因素，也让人充满期待。也因为如此它的颜色也更加自然，朴实无华。

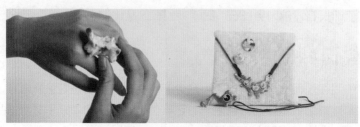

图 5-23　手工陶瓷首饰

陶瓷首饰是纯天然的"绿色首饰"。陶瓷取材大自然的土石，材料本身便具有许多自然特质，对人体无任何副作用。由于人与自然密切相关，来自自然的土石原本对人就具有一种特殊的意义：环保、自然、健康。日用陶瓷的分类见表 5-1。

表 5-1　日用陶瓷细分类

类别	特征	吸水率 (%)	特　征
陶器	粗陶器	>15	不施釉，制作粗糙
	普通陶器	≤ 12	断面颗粒较粗，气孔较大，表面施釉，制作不够精细
	细陶器	7 ～ 10	断面颗粒较细，气孔较小，结构均匀，表面施釉，制作精细
炻器	粗陶器	3 ～ 7	透光性差，胎体较厚，断面呈石状，制作较粗
	细炻器	1 ～ 3	透光性差，胎体较薄，断面呈石状，制作较细
瓷器	普通瓷器	≤ 1	有一定透光性，断面呈石状或贝壳状，制作较精细
	细瓷器	≤ 0.5	透光性好，断面细腻，呈贝壳状，制作精细

2. 艺术陶瓷

艺术陶瓷为陶艺和瓷器艺术的总称。它既能观赏，还能把玩；既能使用，还能投资、收藏。从新石器时期的印纹陶、彩陶粗犷质朴的品格，唐宋陶瓷突飞猛进地发展，五彩缤纷的色釉、釉下彩，白釉的烧造成功，刻画花等多种装饰方法的出现，为后来艺术陶瓷的发展开辟了广阔的道路。陶瓷艺术品以其精巧的装饰美、意境美，陶艺的个性美、独特的材质美，形成了特有的陶瓷文化，受到了人们的喜爱。

3. 建筑陶瓷

建筑陶瓷常用于建筑物饰面或者作为建筑构件。近 20 年来，建筑陶瓷的应用范围及用量迅速增加，从厨房、卫生间的小规模使用到大面积的室内外装修，建筑陶瓷已成为一种重要的建筑装饰材料。陶瓷面砖产品总的发展趋势是：增大尺寸，提高精度，品种多样，色彩丰富，图案新颖，强度提高，收缩减少，并注意与卫生洁具配套，协调一致。

卫生瓷产品多属半瓷质和瓷质，有洗面器、大便器、小便器、妇洗器、水箱、洗涤槽、浴盆、返水管、肥皂盒、卫生纸盒、毛巾架、梳妆台板、挂衣钩、火车专用卫生器、化验槽等品类。每一品类又有许多形式，例如洗面器，有台式、墙挂式和立柱式等；大便器有坐式和蹲式，坐便器又按其排污方式有冲落式、虹吸式、喷射虹吸式、旋涡虹吸式等。

SensoWash 是菲利普·斯塔克的得意之作，其中选用了建筑材料，使用注浆成型的方法来生产。杜拉维特 SensoWash 闪烁系列浴室电子冲洗坐厕产品的所有功能均由遥控器控制。电子盖板和坐垫按指令自动开关。由于采取缓冲盖板技术，座盖和座圈也可通过轻柔的手动开合。座圈通过加热功能可以按个人喜好调节温度，并由传感器检测，防止座盖过热，如图 5-24 所示。

按是否施釉来分，可分为有釉陶瓷和无釉陶瓷两类。

根据陶瓷性能分，可分为高强度瓷、铁电陶瓷、耐酸陶瓷、高温陶瓷、压电陶瓷、高韧性陶瓷、电解质陶瓷、光学陶瓷、磁性陶瓷、电介质陶瓷和生物陶瓷。

也可简单地分为硬质陶瓷、软质陶瓷和特种陶瓷三大类。

我国所产生的瓷器多以硬质瓷为主，具有较高的机械强度，良好的介电指标，高度的化学稳定性和热稳定性。釉面

图 5-24　SensoWash

硬度大。坯料中含碱性氧化物少和 Al_2O_3 含量高（坯料配方中的黏土矿物含量在 40% 以上）。烧成温度一般在 1300℃ 以上，用于高级日用瓷、化学瓷和电瓷等。

软质瓷与硬质瓷的不同点是坯料中溶剂成分少，烧成温度较低，一般在 1300℃ 以下，从而坯体中玻璃相含量相对较多，硬度较低的一类瓷器，称为软质瓷。与硬瓷比较，坯体中含玻璃相较多，半透明性好。作为装饰陈设用的熔块瓷、骨灰瓷都属于软瓷。

特种陶瓷种类很多，多以各种氧化物为主体，如高铝质瓷，是以氧化铝为主；美质瓷，以氧化镁为主；滑石质瓷，以滑石为主；铍质瓷，以氧化铍或绿柱石为主；锆质瓷，以氧化锆为主；钛质瓷，以氧化钛为主。

上述特种瓷多是不含黏土或含极少量黏土的制品，成型多用于压、高压方法，在国防工业、重工业中多用类瓷，如火箭、导弹上的挡板，飞机、汽车上用的火花塞，收音机内用的半导体，快速切削用的瓷刀等，具体特种陶瓷材料详见第 7 章。陶瓷分类见表 5-2。

表 5-2　按陶瓷发展、用途、性质分类表

主要种类		类　别	按用途、性能等细分的品种
普通陶瓷	日用陶瓷	餐茶具	中西餐茶具：盘、碗、杯、碟、壶等
		陈设瓷	花瓶、陶瓷雕塑、陶瓷画
	建筑陶瓷	墙地砖	外墙砖、内墙砖、地砖
		卫生陶瓷	洗面器、大小便器、洗涤器、手指盒
	电瓷	低压电瓷	用于 ≤ 1kV 的电瓷
		高压电瓷	用于 ≥ 1kV 的电瓷
特种陶瓷	功能陶瓷	电子陶瓷	利用本征特性，如装置瓷、电阻等
		功能陶瓷	利用功能特征，如敏感、压电陶瓷
	结构陶瓷	结构陶瓷	利用本征特性，如高强度、耐高温、耐磨、耐腐蚀等
金属陶瓷	粉末冶金		是金属与陶瓷的非均质复合物，加工工艺过程与陶瓷相同，最大应用领域：(1) 制造硬质合金，用作各种切削工具 (以刀具，即硬质合金刀头为最多) 和耐磨材料；(2) 制作耐磨材料 (以碳化钛为主)，可制作燃料室、叶片、喷口等高温器件，在航空航天领域得到广泛应用

注：现代陶瓷的概念实际上是包含传统陶瓷和玻璃在内的一类广泛的无机非金属材料，通常称为硅酸盐材料

5.5　陶瓷材料特性

陶瓷是少数几种在材料外观设计、创新和材料本身研发都达到同等发达程度的材料。它既可以快速而简单地成型，也可以很坚硬且长久地保持其他物理特性。陶瓷材料既可以在学校的艺术教室或街边的陶吧让人们进行体验，也可以用在最先进的、最精密的环境或产品中。总之，陶瓷的特性很难用简单的语言来形容它。

5.5.1　陶瓷一般特性

陶瓷是一种天然或人工合成的粉状化合物，经过成型或高温的烧结，由金属元素和非金属元素的无机化合物构成的固体材料。陶瓷材料既可以抛光出非常光滑的表面，也可以制出具有肌理效果的表面。陶瓷的多功能性和多样性使其难于用简单语言来形容。

陶瓷材料具有以下共性：高硬度、高熔点、导热性差、刚性强、易碎。

5.5.2　陶瓷力学性能

1. 刚度

刚度是由弹性模量来衡量，弹性模量反映结合键的强度，所以具有强大化学键的陶瓷都有很高的弹性模量。陶瓷的刚度是各类材料中较高的，比普通金属高若干倍。

2. 硬度

硬度是各类材料中最高的（高聚物 <20HV，淬火钢 500 ～ 800HV，陶瓷 1000 ～ 5000HV）；硬度取决于化学键的性能，这是陶瓷的典型特点。陶瓷的硬度随温度的升高而降低，但在高温下仍有较高的数值。硬度高、耐磨性好是陶瓷材料的主要优良特性之一。

3. 强度

陶瓷的理论强度很高 (E/10 ～ E/5)；由于晶体的存在，实际强度比理论值低得多。耐压（抗压强度高）、抗弯（抗弯强度高），抗拉强度很低，比抗压强度低一个数量级，有较高的高温强度。在产品设计中选择陶瓷材料时，应注意这种承载力的特点。陶瓷耐高温强度高，一般比金属还要高，有很高的抗氧化性，适合作为高温材料。

4. 塑性

陶瓷的塑性很差，在温室下几乎没有塑性。不过在高温慢速加载的条件下，陶瓷也能表现出一定的塑性，如图 5-25 所示。

图 5-25　高温弹簧

5. 韧性和脆性

陶瓷材料为脆性材料，其表面和内部由于各种原因，如表面划伤、化学侵蚀、热胀冷缩等原因，很容易造成细微的皲裂；在受到强烈的外力撞击，裂纹简短产生很高的应力集中，由于不能形成塑性变形，使高的应力松弛，裂纹很快扩展发生裂变。脆性是陶瓷的最大特点，是阻碍其作为产品设计材料被广泛运用的重要原因，也是当前被研究的重要课题。

5.5.3　陶瓷电性能和热性能

陶瓷材料膨胀性低，导热性差，多为较好的绝热材料。大多数陶瓷是良好的绝缘体，可制作扩音机（见图 5-26）、电唱机、超声波仪、声呐等，同时也有不少半导体 (NiO、Fe_3O_4 等）就是充分利用了陶瓷材料的电性能和热性能。

图 5-26　陶瓷扩音机

5.5.4　陶瓷化学性能

陶瓷的分子结构非常稳定，在以离子晶体为主的陶瓷中，金属原子为氧化原子所包围，被屏蔽在紧密排列的间隙中，很难在同介质中的氧发生作用，具有很好的耐火性或不可燃烧性，甚至在 1000℃的高温下也是如此，是很好的耐火材料。另外，陶瓷对酸、碱、盐等腐蚀性很强的介质均有较强的抗腐蚀能力，与许多金属不发生作用，所以陶瓷具有很强的化学稳定性。正是因为陶瓷的化学稳定性，因而适合作为厨具、餐具用品。

5.5.5　气孔率和吸水率

气孔率和吸水率是检测陶瓷制品的主要技术指标，根据不同的用途和要求，一般日用陶瓷与工业陶瓷有着不同的质量指标。

气孔率是陶瓷致密度和烧结程度的标志，包括显气孔率和闭口气孔率。普通陶瓷总气孔率为12.5%～38%；精陶为12%～30%；原始瓷为4%～8%；硬质瓷为2%～6%。

陶瓷的吸水率是指陶瓷本身重量与吸饱水后重量的比值，是陶瓷对水的吸附渗透能力，陶瓷的吸水率与陶瓷的配方及烧成温度有很大的关系，不同的配方和温度都会造成吸水率的变化。

5.5.6　陶瓷其他特性

除上述陶瓷的特点外，陶瓷材料也被广泛地运用到生活中。尤其是特种陶瓷广泛应用于工业机械设备、燃气具行业、汽车（摩托车）行业、纺织工业、机电行业、医疗器械等领域。随着经济的发展，高科技陶瓷的应用范围也不断扩大。陶瓷给人的诱惑或许是因为它拥有立体的特质，光洁又极易清洗，最能营造活泼、流动的三维空间。

1. 感觉性

陶瓷具备让空间产生连续性的所有特质（持久性、绝缘、抗力、多样性、经济性、节能性及可持续性）。它不仅提供了一个充满魅力的活泼环境，还能让人们想起和土地有关的古老记忆，这些都源于它自身的特点。陶瓷材料同样给人光明、简洁的空间感，如图 5-27 所示。陶瓷能激起人们的敏感心理，让空间的接触变得独特而无法忘怀。

图 5-27　室内陶瓷瓷砖的装饰

2. 视觉可塑性

白色陶瓷给人的视觉感受如棉花一样轻盈，陶瓷纹样也是多方面的，有花草、动物、人物、山水、云气和几何纹样等。然而这些纹样与人们的衣食住行息息相关，从而陶瓷给人以亲和感。

如图 5-28 所示，Star Maker 瓷砖精致、镶嵌的图形化设计使之具备三维的星形外观。它们由四个星形组成六边形镶嵌的马赛克图像，从而使瓷砖在任何给定的空间都能获得极佳的视觉可塑性。Star Maker 的这种特性有利于促进其成为一项创新的制造工艺。按照图形设计经过烤制，烤成砖，创造出视觉表现力和视觉性。

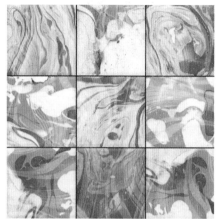

图 5-28　Star Maker 瓷砖

3. 色彩性

陶瓷的色泽非常丰富，它的奇妙源于它在高温状态下颜色变化的不确定性。根据颜色的分类大体可分为黑瓷、青瓷、白瓷、彩瓷等。黑瓷的色彩有黑色及黑褐色等数种。由于釉中含有大量的铁，因此烧窑的时间较长，又在原焰中烧成，就会使釉中析出大量的氧化铁结晶，其成品就显露出流光溢彩的特殊花纹。白瓷颜色如银似雪，晶莹透亮，非常美观。彩瓷就是釉下彩和釉上彩的综合效果，从而形成华丽多彩的颜色，在颜色的点缀下更加充满质感，如图 5-29 所示。

4. 实用性

陶瓷材料可塑性强，可以满足人们日常必需品所需。例如，现今日用陶瓷成为越来越多人餐桌上、书房里乃至厕所中的常用摆设。在我国古代，上至王公贵族使用的餐具，下至平民百姓的锅碗瓢盆都有着陶瓷的身影。可见陶瓷材料在每个时代都不同程度

图 5-29　彩色陶瓷餐具

地满足着人们的需求。陶瓷材料在家装领域的应用前景也是非常广阔的。因为它有温和的质地，多变的釉彩，丰富的肌理，以及在制作中的偶然性，赋予陶艺相比其他材料无法成就的魅力。图 5-30 中利用陶瓷材料装饰的墙面，有变化的纹理与周围简单的家具形成对比又相互衬托，却让整个氛围十分和谐。

图 5-30　陶瓷装饰的墙面

陶瓷材料本身具有硬度强、耐磨、耐酸、耐冷等优越性特点，通过现在的科学技术手段，纳米陶瓷技术将有可能改变陶瓷材料易碎的弱点，使其成为一种高强度、高韧性的家装新型材料，这将给家具造型设计的变化带来更多的可能性。

5. 艺术性

陶瓷制作是古代一直延续下来的，所以它具有浓郁的民族艺术特征。随着时代的发展，陶瓷材料发展不仅不失古朴的气质，又能跟得上时代的潮流。它不仅具有使用功能，同时还具有观赏的艺术性。

6. 个性化

随着生活水平的提高，人们在追求物质享受的同时，还加大了精神享受的追求，陶瓷材料不断满足着人们的个性需求。如图 5-31 中的折纸陶瓷杯和图 5-32 中的个性陶瓷摆件设计，正是设计师充分考虑了消费者的心理需求，使陶瓷产品有助于消费者表达他们的个性特征。而由于陶瓷原料可塑的特性，个性化设计更容易实现。

图 5-31　折纸陶瓷杯子

图 5-32　个性化陶瓷摆件

5.6　陶瓷的加工工艺

总结起来，陶瓷的加工工艺主要分为五个步骤（见表 5-3)。首先是陶瓷黏土成分的选择，粉粒状的原材料可以干拌或者湿拌，即原料的配制。其次是对原料的成型，中间进行修坯，接着进行干燥和烧结，最后完成表面加工、表层改性、金属化处理、施釉彩等表面装饰处理，如图 5-33 所示。

表 5-3　陶瓷的一般加工工艺步骤

步　骤	说　明
制粉	将各种原材料（黏土）、石英、长石等按需磨细、混合
成型	制成需要的坯型
上釉	低温釉、高温釉
烧结	送窑炉中在规定温度下烧制
表面装饰	进行表面加工、表层改性、金属化处理、施釉彩等表面装饰

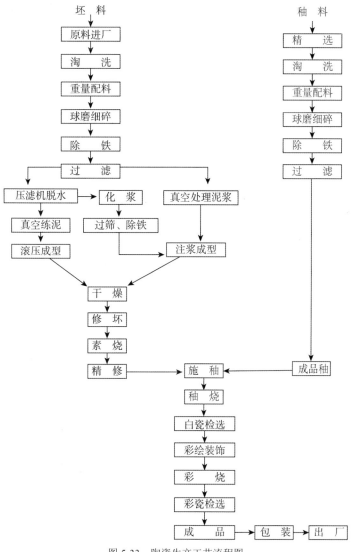

图 5-33　陶瓷生产工艺流程图

5.6.1　制粉阶段

1. 配料

配料是指根据配方要求，将各种原料称出所需重量，混合装入球磨机料筒中。坯料的配料主要分为白晶泥、高晶泥和高铝泥三种，而釉料的配料可分为透明釉和有色釉。

2. 球磨

球磨是指在装好原料的球磨机料筒中，加入水进行球磨。球磨的原理是靠筒中的球石撞击和摩擦，将泥料颗料进行磨细，以达到我们所需的细度。通常，坯料使用中铝球石进行辅助球磨；釉料使用高铝球石进行辅助球磨。在球磨过程中，一般是先放部分配料进行球磨一段时间后，再加剩余的配料一起球磨，总的球磨时间按料的不同从十几个小时到三十多个小时不等。例如白晶泥一般磨 13 个小时左右，高晶泥一般磨 15～17 个小时，高铝泥一般磨 14 个小时左右，釉料一般磨 33～38 个小时，但为了使球磨后浆料的细度达到制造工艺的要求，球磨的总时间会有所波动。

3. 过筛、除铁

球磨后的料浆经过检测达到细度要求后，用筛除去粗颗粒和尾沙。通常情况下，所用的筛布规格为：坯料一般在 160～180 目之间；釉料一般在 200～250 目之间。过筛后，再用湿式磁选机除去铁杂质，这个工序叫作除铁。如果不除铁，烧成的产品上会产生黑点，这就是通常所说的斑点或者杂质。过筛、除铁通常都做两次。

4. 压滤

将过筛、除铁后的泥浆通过柱塞泵抽到压滤机中，用压滤机挤压出多余水分。

5. 练泥（粗炼）

经过压滤所得的泥饼，组织是不均匀的，而且含有很多空气。组织不均匀的泥饼如果直接用于生产，就会造成坯体在此后的干燥、烧成时因收缩不均匀而产生变形和裂纹。经过粗炼后，泥段的真空度一般要求达到 0.095～0.1 之间。粗炼后的泥团还有另一个好处就是将泥饼做成一定规格的泥段，便于运输和存放。

6. 陈腐

将经过粗炼的泥段在一定的温度和潮湿的环境中放置一段时间，这个过程称为陈腐。陈腐的主要作用是，通过毛细管的作用使泥料中水分更加均匀分布；增加腐植酸物质的含量，改善泥料的黏性，提高成型性能；发生一些氧化与还原反应使泥料松散而均匀。经过陈腐后可提高坯体的强度，减少烧成的变形机会。通常陈腐所需的时间为 5～7 天，快的也有 3 天的。

7. 练泥（精炼）

精炼主要是使用真空练泥机中对泥段再次进行真空处理。通过精炼使得泥段的硬度、真空度均达到生产工艺所需的要求，从而使得泥段的可塑性和密度得到进一步提高，组成更加均匀，增加成型后坯体的干燥强度。同时这一工序的另一个目的就是给后续工序中成型工艺提供各种规格的泥段。

注浆泥料和釉料的制备流程基本上和可塑泥料制备流程相似，一般是将球磨后的泥浆经过压滤脱水成泥饼，然后将泥饼碎成小块与电解质加水在搅拌池中搅拌成泥浆。釉料除了采用压滤机脱水，还有采用自然脱水的。

5.6.2　成型阶段

1. 模具的制作

模具的制作是成型工艺的前提条件。通常模具的主要材料为石膏，因为使用石膏的成本相对较低、易于操作，而且石膏又有很好的吸水性。模种是在新产品开发时，师傅先用石膏制作一个与原版一样的模型，再用石膏在此模型的基础上倒出一套模，然后再对此模加工成模种。生产模就是在模种的基础上复制出来的。通常有浮雕的模种是用硅胶做成的，因为硅胶韧性比较好。一般情况下，按照成型方法的不同，模具可分为滚压模、挤压模和注浆模三种。

滚压模制作工艺相对比较简单，只需用石膏和水的混合物搅拌后倒模，经过十几分钟凝结后倒出即可，但用量却非常大，耗损也比较大。

挤压模需要做排水排气处理，制作过程比较复杂，在倒入石膏前需要安装排气管，在 25℃左右开始排气，连续排两三个小时，这样做有利于减少气孔、气泡，挤压模所需模具数量较少，此种模具比较耐用。

注浆模可分为空心注浆模和高压注浆模。空心注浆模的制作工艺相对比较简单，但用量却比较大；高压注浆模的制作相对比较复杂，模具本身要求的体积较大，以配合高压注浆的机器。

2. 坯体成型

将配置好的材料制作成预定的形态，以实现陶瓷产品的使用功能与审美功能，这个工序即为坯体成型。坯体成型是陶瓷加工工艺过程中一个重要的工序。经过坯体成型，陶瓷粉料变成具有一定形状、尺寸、强度和密度的半成品。陶瓷成型的方法很多，主要有以下成型方式。

1) 滚压成型

滚压成型在成型时，盛放泥料的模型和滚压头绕着各自的轴以一定速度旋转，滚压头逐渐接近盛放泥料的模型，并对泥料进行"滚"和"压"的作用而成型。滚压成型可分为阳模滚压和阴模滚压，阳模滚压是利用滚头来形成坯体的外表面，此法常用于扁平、宽口器皿和器皿内部有浮雕的产品。阴模滚压是利用滚头来形成坯体的内表面，此法常用于径口小而深器皿或者器皿外部有浮雕的产品。滚压成型起产快，质量稳定，一般情况下会优先考虑这种成型方式。

2) 挤压成型

将精炼后的泥料，置于挤压模型内，通过液压机的作用，挤压出各种形状的坯体。异形件一般采用挤压成型来做，如三角碟、椭圆碟、方形盘等。挤压成型起产慢，质量比较稳定，但模具的制作工序相对较为复杂。

3) 注浆成型

注浆成型可分为空心注浆和高压注浆两种。注浆成型起产慢，此法常用于一些立体件的制作，如空心罐类、壶类等产品。在现代陶瓷产品中，注浆法成型是陶瓷产品成型中一个基本的成型工艺，其成型的过程相对较为简单，即将含水量高达 30% 以上的流动性泥浆注入已经做好的石膏阴阳模具中，由于石膏具有吸水性，泥浆在贴近石膏模具壁时被模具吸水后形成均匀的泥层，这泥层随着停留在石膏模具中的时间长短厚度会不同。时间越长，泥层越厚。当达到所需的厚度时，可将多余的泥浆倒出，然后该泥层继续脱水收缩，与石膏模具脱离，最后从模具中取出后即为毛坯。注浆成型适合于各种陶瓷制品，凡是形状复杂、不规则、薄的、体积比较大且对尺寸要求没有那么严格的都可以用注浆成型。但由于注入泥浆过程泥浆倒入不均匀，且干燥和收缩率也比较大，所以为了使成型顺利进行并获得高质量的坯体，必须对注浆成型所用的泥浆的性能有所要求。

(1) 泥浆的流动性要好。即黏度要小，在使用时能保证泥浆在倒入模具中时能充分流动到模具的各个部位。良好的泥浆中不会有固结的块状出现，流出时成一条连绵不断的细线。

(2) 稳定性要好。即悬浮性，泥浆中不会沉淀出任何组成部分如石英、长石等，泥浆各部分能长期保持均匀的状态，使成型的坯体内部和外部表现光滑均匀。

(3) 要有适当的变触性，使得坯体在脱离石膏模具时不会因为轻微的震动而软榻。泥浆不能太细，太细的泥浆容易造成塌陷，太粗糙的半成品不抗折，支持强度降低。

(4) 在保证流动性的条件下，尽可能地减少泥浆的干水量，这样可以减少成型的时间，增强坯体的强度，降低水分蒸发干燥的收缩率，保证陶瓷产品的尺寸不会因为收缩率出现严重的尺寸偏差，同时可以延长石膏模具的使用率。

(5) 形成的坯体要有足够的强度，坯体脱模容易，且在坯体表面不含气泡，所以一定要注意泥浆的制作过程中的均匀程度，使泥浆中的气体及时排出，不然会造成坯体表面出现棕眼和气泡等缺陷。待成瓷时容易出现吸釉的情况造成陶瓷表面凹陷，影响产品美观。

注浆成型对于制造模型的石膏也有一定的条件，首先应凝固要快，且要有充分的反应时间，一般从浇注泥浆到泥浆成型脱模约为 20 分钟；硬化反应比较坚硬，并且具有一定的机械强度；确保泥浆流动到模具里的各个部分是关键，因此需要模具棱角的部分要有适当的坡度，以利于坯体成型后容易脱模。

如图 5-34 所示为瓷茶具注浆成型的方法图解。

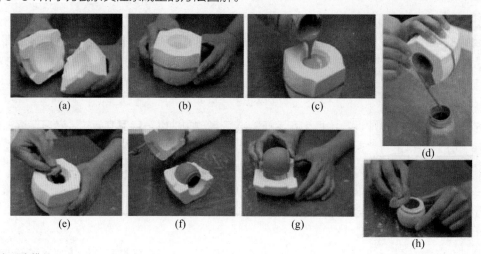

(a) 准备石膏模具

(b) 用橡皮筋固定石膏模具

(c) 将泥浆倒入模具中，由于石膏模具具有吸水性，需在注浆前多观察，补充泥浆

(d) 当看到口部黏土土片的厚度已经达到 3mm 时，即可将模具内多余的泥浆倒出

(e) 将模具翻转，直至多余的泥浆完全流出，可以根据时间触摸黏土表面，以判断是否可以开模。在开模前，先将注浆口的泥片小心切除

(f) 打开模具

(g) 注件与模具内壁分离，将坯体取出

(h) 待稍微干燥时小心修坯

图 5-34　瓷茶具注浆成型的方法图解

4) 拉坯成型

拉坯成型是传统制坯方法之一，如图 5-35 所示。最原始的是在快速转动着的轮子上，将手探进柔软的黏土里，开洞。借助螺旋运动的惯力，让黏土向外扩展、向上推升，形成环形墙体，然后根据想要的坯体造型用手不断控制其形态。拉坯成型是陶瓷发展到一定阶段出现的较为先进的成型工艺，是陶瓷历史上一个重大的革命。它不仅提高了工作效率，而且用这种方法制作的器物更完美、精致，同时可以拉塑出很大型的作品。新石器时代的仰韶文化已经出现了慢轮辅助成型，后来发展到快轮，从此拉坯以其不可替代的优势成为陶瓷成型工艺的主流。用拉坯的方法可以制作圆形、弧形等浑圆的造型，例如盘子、碗、罐子等，它的特点使作品挺拔、规整，器物的表面会留下一道道旋转的纹路。现在拉坯成型都使用电动拉坯机器，拉制较大的器皿则对拉坯机的动率要求比较高。

5) 印坯成型

印坯是人工用可塑软泥在模型中翻印产品的方法，通常适用于形状不对称与精度要求不高的产品，如图 5-36 所示。对产品表面均有固定形状或两面均有凹凸花纹，则使用阴阳模型压制成型，或者采用两片模型压制后，将两个坯体用泥浆黏结起来。印坯所用的模型为石膏模，先取泥块打成薄片，放入石膏模内，用软牛皮或绒布捶紧。如果所成型的器物为小件，那么可用手指逐渐捏按，使泥片各个部分都与模型密合，然后把坯边修平、修齐。如果坯体由几块接合而成的话，那么接口的地方，应该涂抹泥浆，用力捶拍，使其紧密结合，不然以后很容易开裂。这种方法一般用来制造人物、动物等雕塑品，其效率较低。用机械印压成型的方法叫作湿压法，其原理与印坯一样，也是用“印”的方式进行的。不过湿压法采用两个模子来成型。由于逐渐改进的结果，有的已将成型的模子都改为金属制的，这样一来就有可能越出印坯的范围而进入机压的范围。

图 5-35　拉坯成型

图 5-36　印坯成型

6) 泥条盘筑成型

泥条盘筑成型是一种原始方法，如图 5-37 所示。制作时先把泥料搓成长条，然后按器型的要求从下向上盘筑成型，再用手或简单的工具将里外修饰抹平，使之成器。用这种方法制成的胚体，内壁往往留有泥条盘筑的痕迹。这种方法一般适用于大型容器。

7) 覆旋法成型

覆旋法成型常用于湿黏土制作较为扁平的盘子，如图 5-38 所示。将盘状的黏土放入一个转动的磨具上面，转动时形成盘子的内壁，而金属靠模形成盘子的外壁。这种工艺目前已经在很大程度上被粉末挤压成型法所代替，粉末挤压成型法的生产速度更快，并能够进行自动化控制。覆旋成型法在小批量生产仍在使用，如图 5-39 所示。

图 5-37　泥条成型

图 5-38　陶瓷盘子

图 5-39　覆旋法成型

8) 仰旋法成型

仰旋法工艺与覆旋法成型相似，也常用于制作较深的空心器皿。首先挤压预制好的黏土泥段，切割成圆盘状，并使其接近成品造型，然后将其放进固定的辘轳中心的旋轴上。这也是与手工拉坯比较相似的地方：在辘轳的旋转中，黏土在模具中被拉起来形成坯壁，再用模型刀刮掉多余的坯泥，最后制出精准的空心器皿轮廓。

9) 机械加工

陶瓷的机械加工主要是指对陶瓷材料进行车削、切削、磨削、钻孔。其工艺简单，加工效率高。

(1) 车削加工

陶瓷材料"硬"的问题，因新型超硬刀具材料的不断涌现，在切削加工中很大程度上得到了解决；而其"脆"的问题，在切削加工中仍难以克服，成为突出的一个难点。所谓"脆"就是在工件切削加工过程中，极易发生崩裂小豁口，称为崩豁，其加工十分困难。产生崩豁的原因主要有两点：一是材料被切部分与已加工表面的最后分离不是由于正常切削，而是由于拉伸破坏所致。二是切削陶瓷形成崩碎切屑时，切屑变形所产生的龟裂往往向下延伸，在切削所产生的拉应力的作用下，切屑连同被加工工件基体的一部分一起崩落下来形成崩豁。若拉应力很大，则会使崩落相当严重，甚至使整个工件破裂。

(2) 切削加工

对于同一材料来说，在三向压应力作用下材料塑性最好，在单向压应力作用下脆性最大。因此，在切削加工陶瓷等脆性材料时，当刀具逼近被加工材料终端，若使材料所受拉应力减小，或者变为压应力，即可达到改善材料的脆性，避免切削加工终了时发生崩豁的目的。这就是陶瓷材料"变压应力切削"的原理。

(3) 磨削加工

高速磨削是德国 ELB 公司开发的一种新型磨削技术。其目的在于提高往复工作台速度（约 32m/min），减少工作台的行程，缩短模腔状的沟槽磨削和短工件的空磨距离。该磨削方式与缓进给强力磨削相反，工作台速度为常规往复磨削的 2 ~ 3 倍，由此增大磨粒切入深度，利用工件的脆性磨去被加工面，实现陶瓷材料的高效率加工。

(4) 钻孔

振动钻孔技术，就是在传统钻孔方法的基础上，给刀具或工件人为地造成一种可控的、有规律的轴向振动，使刀具或工件一边振动、一边钻孔。振动切削的最大特点是可以根据工件材料的性能和加工要求，改变振动参数与切削用量的匹配关系，从而能随意改变切削条件，控制切削的大小和形状。

目前，振动钻孔技术已应用到麻花钻、枪钻及各类内排屑深孔钻等加工方式上。麻花钻可以应用到直径 0.2mm 左右微型和小深孔的加工，枪钻可用于直径 3mm 左右的深孔加工。

10) 陶瓷的加工技术

陶瓷材料具有高强度、高硬度、低密度、低膨胀系数及耐磨、耐腐蚀、隔热、化学稳定性等优良特性，已经成为广泛应用于航天航空、石油化工、仪器仪表、机械制造及核工业等领域的新型工程材料。但由于材料同时也具有高脆性、低断裂性及材料弹性极限与强度非常接近等特点，因此陶瓷材料的加工难度很大，加工方法稍有不当就会造成工件表面层组织破坏，很难实现高精度、高效率、高可靠性的加工，从而限制了陶瓷材料的进一步发展。为了满足近年来科技发展对精密陶瓷、光学玻璃、晶体、石英、硅片等脆性材料产品的需要，在陶瓷材料加工工艺上也是不断地完善。目前较为成熟的陶瓷材料加工技术主要分为力学加工、电加工、复合加工、化学加工和光学加工五大类。陶瓷材料加工技术见表 5-4。

表 5-4　目前较成熟陶瓷材料加工技术表分类

力学加工	磨料加工	研磨加工，抛光加工，砂带加工，滚筒加工，超声加工，喷丸加工，粘弹性流动加工
	塑性加工	金刚石塑性加工，金刚石塑性磨削
电加工		电火花加工，电子束加工，离子束加工，等离子束加工
复合加工		光刻加工，ELID 磨削，超声波磨削，超声波研磨，超声波电火花加工
化学加工		腐蚀加工，化学研磨加工
光学加工		激光加工

5.6.3　表面装饰阶段

1. 施釉

釉是陶瓷器表面的一种玻璃质层，釉层使陶瓷表面光洁美丽，吸水性小，易于洗涤和保持洁净。由于釉的化学性质稳定，釉面硬度大，因此使瓷器具有经久耐用和耐酸、碱、盐侵蚀的能力。如图 5-40 中为了使瓷器更美观，在陶瓷坯上施釉，从而起到装饰的作用。我国古代陶瓷釉的种类很多，按照不同的标准，有着不同的分类方法。

图 5-40　施釉

按照釉的成分，可以分为石灰釉、长石釉等；按照烧成温度，可以分为高温釉和低温釉；按照烧成后的外表特征，可以分为透明釉、乳浊釉、颜色釉、有光釉、无光釉、结晶釉、玻璃釉、开片釉、窑变釉等。此外，施釉方法也有多种，如浸釉、淋釉、喷釉、荡釉、甩釉、刷釉等，由于釉对窑温和窑内气氛较敏感，因而烧成的产品，在釉色、釉质等方面会存在一定的差异。甚至胎釉成分完全相同的器物，因在窑内的位置不同，烧成后有时也会呈现不同的釉色，即所谓"同窑不同器"现象，也称为"窑变"。

1) 浸釉

浸釉就是可以把釉料很均匀地敷于坯体表面，即使再复杂的形体也不例外。同时具备了省时和容易操作的好处。但是，在使用这种方法时，为了使坯体能整个浸入釉浆中，需要较多量的釉浆，因此并不适用于大型坯体。至于将坯体浸入釉浆中的时间，多久才合适呢？通常是等整个坯体浸入釉浆时，停 2～3s，即可取出，若是嫌釉药上得太薄。可以等到釉药干后，再来一次；但是千万不要在釉浆中浸泡过久以致釉上得太厚，形成烧成品时的釉层缺陷。

2) 淋釉

如果坯体较大，在采用浸釉法上釉时，势必会遇到容器体积不够大，或是操作程序上的困难。而上釉者又希望能够在短时间内，以简便的方法，得到釉层均匀的效果，此时便可以采用淋釉法来上釉。同时，淋釉法更能制造出具有流动感的特殊效果，是一种广被先民所采用的上釉法，尤以唐代三彩器为其中翘楚，现代的许多陶艺家也喜欢采用这种方法，在陶坯上淋下数种不同的色釉，或是利用泼洒的手法，或是不同厚度的釉层变化，来制造出独特的趣味。

3) 喷釉

将要施釉的陶坯置于转盘之上，施釉者在一边规律性地转动转盘时，一边以喷雾器将釉浆直接喷射于陶坯上的方法，即是喷釉法。喷雾器的种类甚多，从清代陶匠所使用的口吹或手堆式，直到现代陶艺者所使用烫衣时喷水器作为代替品者，均可视为喷雾器，但在一般工厂，多是直接使用喷枪。

4) 荡釉

对于中空制品，如茶壶、花瓶、罐子等产品，对其内部施釉采用荡釉法。其操作是将一定浓度及一定量的釉浆注入器物内部，然后上下左右地摇动，使釉浆布满内表面，然后将余浆倒出。

5) 甩釉

釉浆经过釉管压入釉盘中，依靠其旋转产生离心力甩出，釉料以点状形式施加于坯体上。此法可以在一种釉面上获得其他颜色不同的釉斑，也可以获得花岗石等效果的装饰的釉面。

6) 刷釉

刷釉最适合于小面积的涂布，或是用釉色来作画时采用，但也同样可用于制造特殊效果。可是在选择刷釉的工具时，最好选择能吸附较多釉浆的羊毫毛笔。当我们在采用这种施釉法时，要注意是否会因为工具的运用不当，而在器表上产生刷纹，或是因担心釉面不匀、太薄而多刷数次后，造成釉面过厚，导致在未烧之前，釉就开裂脱落了。通常，有经验的陶艺家，在解决刷釉法涂釉不均的问题时，大多采用在釉中加入少量的胶水；或是遇到吸水性较强的坯体，便将它浸入水中后立即取出让坯体在略呈潮湿的状况下，再行刷釉，这样都可以改善釉药涂刷不均的现象。

2. 彩绘

彩绘是指在陶瓷产品表面用材料绘图案花纹，是陶瓷的传统装饰方法。彩绘有釉下彩和釉上彩之分，如图 5-41 和图 5-42 所示。釉下彩最早的雏形可以追溯到宋代，一直延续至今。从时间上来说，釉下彩的年代更为久远。釉上彩是在明代从釉下青花彩绘的基础上所创造出来的。从传承上来讲，可以说釉上彩源于釉下彩。以下是釉上彩与釉下彩的不同之处。

图 5-41　釉下彩绘图　　　　　　　　　　　　图 5-42　釉上彩绘图

1) 制作步骤、过程不同

釉下彩：在生坯或经过烘烤后的素坯上用色料从事彩画装饰，再经过上釉，最后窑烧而成，釉彩和彩绘的纹样是一次烧成，色料充分渗透在坯釉中。

釉中彩：它的装饰手法和釉上彩相同，都是在釉胎上进行的，成品率高，操作简单。

釉上彩：先要烧成白瓷胎的瓷器之后，再在瓷器的表面用色料进行彩画装饰，然后窑烧而成，彩绘的纹样与釉彩是分开烧的。

2) 烧成的温度顺序不同

釉下彩：在生坯上直接进行创作，只需用色料画完后上釉，再经 1200℃ ~ 1300℃ 的窑火烧成即可；如果在素坯上画釉下彩绘的方法，则是先把泥坯用 800℃ 烧成素坯，画完、上完釉之后再经 1200℃ ~ 1300℃ 的窑火烧成。

釉中彩：彩烧温度高达 1250℃ 左右，彩烧时间为 90 ~ 120 分。

釉上彩：先用 1200℃ ~ 1300℃ 的窑火烧成白瓷坯，用色料画好彩画装饰后，再用 800℃ 进行二次窑烧。

3) 外表不同

釉下彩：先用色料进行彩画装饰，再在其上施釉，釉是在最表层的。所以釉下彩绘出来的器物色彩光润，表面平滑，永不褪色，即使久经磨蚀，只要釉面完好，并不减少产品彩绘时的色泽鲜艳度。所以我们所看到的历代釉下彩绘的文物，如魏晋时期的青瓷、唐代的青瓷、三彩釉陶；宋代的北方民窑出土的黑白彩绘、红绿彩绘瓷器；元代的青花、釉里红（二者均属于釉下彩绘的分支）等虽然年代久远，却均保存得较为完好。常作为日用瓷（如杯、碗、瓢、盆等）。

釉上彩：由于是画在釉面上的，色彩的颜色有几百种，绘制的技法比较容易，表现力极强。但是因为色料并没有与釉料融合，所以所绘制的纹样突出釉面，摸上去有手感，不会像釉下彩那么光滑。

4) 分类不同

釉下彩：主要以青花、釉里红和釉下五彩为主。青花是用一种经高温烧成后呈现蓝色的矿物质颜料绘制而成的。在表现方法上，是以同一颜色的各种深浅不同的色调来表现对象。其特点是：明快、清新、雅致、大方，装饰性很强，素为国内外人士所钟爱。并且在世界的制瓷工艺中有着极为重要的地位。釉里红用一种经高温烧成后呈现暗红色的矿物质颜料绘制而成。其表现内容和方法与青花无异，烧成后釉色表现出沉着热情，故一般用来表达"吉祥、富贵"。高级制品中常用此法。釉下五彩是在青花和釉里红的基础上发展而来的，其特点是色彩绚丽、锦绣灿烂，因为其在高温中也是变化多端，烧成不易，所以很少用来装饰日用瓷。

釉上彩：主要包括古彩、粉彩、新彩等几种。古彩是一种较古老的传统装饰方法，其名称是有别于粉彩而言的。特点是色彩鲜艳，对比强烈，线条刚健有力，具有浓厚的民间年画的风格。粉彩是在釉上五彩的基础上发展起来的。色彩多样；在表现技法上，从平填进展到明暗的洗染，风格和笔法上具有传统的中国画的特征。无论工笔写意，用粉彩几乎都能表现。新彩是受外来影响而形成的一种新的彩绘方法，在表现技法上即可用西画的方法，也可用国画的方法。

5) 色料不同

釉下彩：色料用高温烧成，色料在未烧制前与烧制后的色相变化比较大，而色料中能耐高温的不多，因此颜色的变化极难掌握。

釉上彩：色料用的是 650℃ ~ 800℃ 的低温烧成。由于温度低，许多颜料都能经受这样的温度，故烧出来的颜色变化不大。

6) 用的调料品不同

釉下彩：一般用的是甘油、牛胶、乳香油，有的甚至用茶叶水来进行调和色彩。

釉上彩：使用樟脑油或松香油等调料进行调和。

7) 技法不同

釉下彩：以分水法为基础技法，即在勾好的轮廓线内，用色料填色。

釉上彩：以洗水法为基础技法，即先用笔蘸"水色"往坯上搨一笔，然后将笔上的颜色洗掉，挠水反复洗擦。

3. 贴花

贴花是将彩色料颜色制成花纸，再将花纸贴在坯体表面上的工艺。对于需要做贴花的产品，在其烧成经过分选后，便可以进入贴花车间进行贴花。花纸分为釉中、釉上和釉下三种，釉上是指在烧成的产品上贴花，再以800℃左右的温度进行烤花，烤花后花纸图案可以用手感觉到；釉中是指在烧成的产品上贴花，再以1200℃左右的温度进行烤花，烤花后花纸图案深入瓷器中；釉下一般用于蓝色或黑色等较深的颜色，如产品的底标，做法是在洗水上白釉后贴上底标或花纸，然后拿去烧制成瓷，或洗水贴底标或花纸后再上透明釉，最后进行烧成。

4. 印花

印花装饰是陶瓷中最古老的装饰手法之一，传统的印花是以带花纹的模印工具在未干的坯体表面压印出凹凸的纹样，再施釉烧成，如图5-43所示。这种压印花纹的方法，现在有利用施压和镶印成型的石膏模型的内壁制出凸形或凹形的纹样，当泥料投入成型后，坯体外部即出现凹形或凸形的纹样，经修整施釉烧成的。

(1) 用刻有装饰纹样的印模，在尚未干透的胎上印出花纹。

(2) 用刻有纹样的模子制坯，使胎上留下花纹。

(3) 丝网印花分为釉上丝网印花和釉下丝网印花两种，是将彩料通过花样丝网套印在制品上，层次丰富，立体感强。

5. 饰金

用金、银、铂或钯等贵金属装饰在陶瓷表面釉上，这种方法仅限于一些高级精细制品。饰金较为常见，其他金属装饰较少。金装饰陶瓷有亮金、磨光金和腐蚀金等，亮金装饰金膜厚度很薄，容易磨损。磨光金的厚度远高于亮金装饰，比较耐用。腐蚀金装饰是在釉面用稀氢氟酸溶液涂刷无柏油的釉面部分，使之表面釉层腐蚀。表面涂一层磨光金彩料，烧制后抛光，腐蚀面无光，未腐蚀面光亮，形成亮暗不一的金色图案花，如图5-44所示。

图5-43　印花陶瓷瓶

图5-44　饰金瓷

5.7　典型陶瓷制品案例赏析

陶瓷作为产品设计中的重要材料之一，在设计活动中有较广泛的应用。

1. 汉光瓷

汉光瓷是1999年推出的新制瓷工艺，在1400℃高温下烧制而成，吸水率为零。品种可谓一应俱全，包括餐具、咖啡具、酒具、功夫茶具，以及文房用品等。瓷器多以"龙、凤、祥云"为设计元素，以牡丹、水仙、雏菊、玫瑰、荷花等花朵作为装饰。

汉光瓷选料之精，不惜工本，1吨甲级高岭土和瓷石只能选出1~2kg的精料。另一种主要原料石英，千挑万选，近似水晶。汉光瓷的现代科技高效除铁法，使汉光瓷料中的三氧化二铁含量降至0.1%以下，刷新历史纪录，卓尔不群的汉光瓷"白如玉、明如镜、薄如纸、声如磬、透如灯"。纯、白是精美瓷器最重要的胎质，如图5-45所示。

2. 陶瓷的功能设计

每一种材质都有不同的性能和属性，这使得材质与功能之间的关系也更为密切。由于陶瓷稳定的化学特性，常常被用作厨房用品。

这款陶瓷刀具共有5把，分为4寸水果刀、6寸厨师刀、一把6.5寸菜刀、一把刨皮刀及一个刀架。刀具产品的正面采用纯正氧化锆陶瓷精制而成，色泽均匀洁白，触感细腻；在手柄处采用食品级ABS材料，且不含有害物质，同时还结合人体工程学达到最佳使用感；在刀刃处三维立体切面使柔软食物更顺滑，切面也更平整，能保持食材原汁原味。如图5-46所示为Kucob硅家宝品牌陶瓷刀具。

图 5-45 汉光瓷

图 5-46 Kucob 硅家宝品牌陶瓷刀具

3. 陶瓷的造型曲线

设计师叶宇轩所设计的水滴壶，虽然没有壶柄，但由于整个壶身采用了中空保温工艺，使用时并不烫手。此款设计灵感源于老子"上善若水，水善利万物而不争"之意。图5-47所示为水滴壶。

图 5-47 水滴壶

4. 陶瓷的材质韵律

由于陶瓷造型成型的工艺特点，使得陶瓷产品的造型有不同于其他材质的独特韵律。陶瓷起源于中国，但骨瓷始创于英国，曾是英国皇室长期的专用瓷器，骨瓷是世界上唯一由西方人发明的瓷器品种，被赋予了很高的价值评价。骨瓷含有50%的磷酸钙、25%的高岭土和25%的石英、长石和云母的混合物。

骨瓷独尊华美。如今，骨瓷也是主人身份与地位的象征。骨瓷和陶瓷一样是分等级的，通常取决于材料的质地、制造技术及彩绘设计。级数越高的骨瓷，制作难度越高，成品越贵。

如图 5-48 所示为欧式简约茶具。这款现代茶具在设计师的巧妙构思中，演变成精美的器物，外形简洁流畅，透露出它独有的艺术魅力。结合极简主义和回归自然的生活态度，融入现代抽象派艺术的设计元素。圆润的水滴造型，大气的壶身，创意的杯具，欧式简约的风格，简约而不简单。

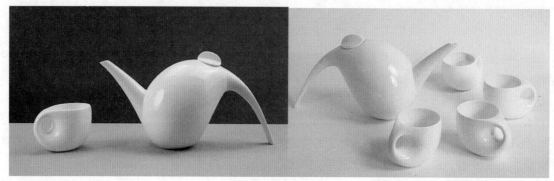

图 5-48　欧式简约茶具

5. 陶瓷的情感设计

陶瓷艺术迅猛发展，出现了许多既具有实用性又具有美感、亲和力、细腻精致的日用陶瓷设计，得到充分的肯定和认可，随着生活方式的转变和大众审美水平的提高，设计师们已经深深地感受到人们对日用陶瓷产品的需求和强烈的渴望。除了让陶瓷产品具有实用的品格外，还要多一些朴素的、自然的情感；让它既是生活的必需品，又可作为情感寄托的承载物来体现。

德国的设计师设计了这款创意十足的气球花瓶，告诉大家气球不再只是吹得胀胀的、漂浮在半空中的气球，还可以是变成大肚婆的花瓶，如图 5-49 所示。设计师使用陶瓷材料作为花瓶的外形，瓶身裁切成各种空洞、弧度及曲线。接着就是将水灌入气球中，填满的水让气球随之膨胀，并进而从瓶身中的空洞与曲线"挺"了出来，像怀有宝宝的大肚妈妈一样，当水倒出来的时候，气球也跟着泄气，变回原来的瓶身，真是趣味十足的创意佳品。

图 5-49　大肚婆花瓶

如图 5-50 所示的这款陶瓷首饰是一位来自英国的首饰设计师 Abigail Mary Rose 设计的作品。从2004 年开始设计并销售古董陶瓷首饰，在 2006 年毕业之后，她的作品就已经遍布欧美的各大商店和专卖店。Abigail 用专门的切割工艺和丝带赋予了这些被遗弃的陶瓷另一种生命。她的作品不仅仅是一种首饰，更是一种艺术品，体现着一种陶瓷文化。

图 5-50　Abigail Mary Rose 设计的陶瓷首饰

　　丹麦某著名陶瓷艺术大师设计的灯具陶瓷作品深受年轻人的追捧。这位来自丹麦的艺术大师将现代陶瓷进行了火与土的完美融合，将陶瓷艺术与生活产品进行了完美的结合。所设计的 UFO 形状的透光陶瓷灯具的材质由全陶瓷制造，外形精致却又精妙地挖出透露点点心思的小孔，满足了现代年轻人的窥探心理。可爱又另类的陶瓷灯具，适合于酒店装饰与家居饰品摆设，让人不得不佩服设计师的想象力。图 5-51 所示为 UFO 陶瓷灯具。

图 5-51　UFO 陶瓷灯具

　　AJORÍ 调味瓶是西班牙工业设计师 Photo Alquimia 设计的一款创意产品。整套调味瓶的外观设计灵感来源于大蒜这种被人们拿来调味的草本植物造型，不但每个"蒜瓣"的单体造型流畅而且使用方便，整体看上去也与餐桌和用餐环境很和谐。图 5-52 所示为 AJORÍ 大蒜调味瓶。

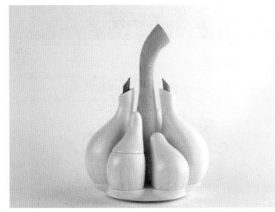

图 5-52　AJORÍ 大蒜调味瓶

《第6章》
玻璃材料及其加工工艺

6.1 玻璃概述

    玻璃是产品设计的基础材料之一，应用非常广泛。玻璃是一种较为透明的固体物质，在熔融时形成连续的网络结构，冷却过程中黏度逐渐增大，并且硬化为不结晶的硅酸盐类无机非金属材料。普通玻璃是以石英砂、纯碱、长石及石灰石等为原料，经混合、高温熔融、匀化后加工成型，最后再经退火而得。也能通过特殊方法与工艺制得深加工产品，如钢化玻璃、防弹玻璃等。

    玻璃的历史悠久，是人们十分熟悉的产品设计材料。由于玻璃具有一系列的优良特性，如透明、坚硬、可塑性、气密性、不透性、装饰性、耐腐蚀性、耐热性及光学、电学等性能，而且能加热到一定温度后，用吹、拉、压、延等多种加工成型的方法，制成各种形状和大小的产品，因此，玻璃与人们的日常生活密切相关。例如，人们日常生活中使用的杯、瓶、罐等日用玻璃产品，建筑用的平板玻璃，交通工具用的挡风玻璃，灯具、电视机等用的电真空玻璃和照明玻璃、照相机镜头、光学仪器所用的光学玻璃等，如图6-1所示。玻璃已经成为人们现代生活、生产和科学实验活动中不可缺少的重要材料，也成为产品设计重要的基础材料之一。

图6-1　玻璃广泛应用于工业产品设计中

最初的玻璃是由火山喷出的酸性岩浆突然冷却后凝结而成的非晶质物质，其主要成分为二氧化硅（SiO_2）。这种凝结物是沸石和黑曜石，而黑曜石自古以来一直被当作辟邪物、护身符使用，具有宝石的特性，可加工成工艺品，市面上天然形成的黑曜石非常稀有。

古埃及人是世界上最早的玻璃制造者，在 4000 前的美索不达米亚和古埃及的遗迹里，都曾有小玻璃珠出土，如图 6-2 所示。数千年前，一次偶然的机会，古埃及的陶瓷匠不小心在一个刚刚制好的瓶胚上沾了一层苏打和沙砾的混合物。当这个瓶子烧好后，上面竟然形成了一层细腻而光滑的表面。这层坚硬的薄壳就是釉，但实际上我们可以称其为玻璃，因为从成分上来讲，它和玻璃并没有什么不同。之后埃及人在苏打和沙砾里混合了一些别的材料，学会了制造各种不同颜色和深浅的釉。再后来古埃及的工匠们慢慢学会制造玻璃产品。

图 6-2　古埃及彩釉陶的项链

公元 11 世纪，德国人发明了制造平面玻璃的技术，就是吹制玻璃的时候，吹出一个又大又扁的圆柱体，让其垂直下垂，然后切割去"圆柱体"的底部，这样就形成了一大块的平面玻璃。后来，这种技术被 13 世纪的威尼斯工匠继承。从那以后，玻璃开始被用在建筑物的窗户上，最典型的就是中世纪教堂里的彩色玻璃。但是那个时候玻璃很贵，只有非常有钱的人才能用得起。1688 年，一位名叫纳夫的人发明了制作大块玻璃的工艺，从此以后玻璃成了普通的物品。如今，随着玻璃生产的工业化和规模化，各种用途和性能的玻璃相继问世。

6.1.1　玻璃的原料成分

玻璃的熔制是使各种原料混合物变成复杂的熔融物（玻璃液）的过程。根据原料的用量和作用可以将其分为主要原料和辅助原料两类。主要原料决定了玻璃产品的物理性质和化学性质，辅助原料则是为了赋予玻璃产品某些特殊性能或加速熔制过程所添加的物料。

1. 玻璃的主要原料

玻璃的主要原料有：硅砂（石英砂）、长石、纯碱和石灰石、硼砂、碳酸钡和硫酸钡、含铅化合物及碎玻璃等。下面分别介绍这些原料的作用。

1）硅砂

硅砂即二氧化硅，是一种非金属矿物质，颜色为乳白色或无色半透明状，如图 6-3 所示。它是生产玻璃的主要原料，约占 70% 以上。硅砂使玻璃具有一系列优良性能，如透明度、机械强度、化学稳定性和热稳定性等。其缺点是熔点高、熔液黏度大，因此生产玻璃时还需加入其他成分以改善这方面的状态。

2）长石

长石即氧化铝，能够降低玻璃的析晶倾向，提高其化学稳定性、热稳定性、机械强度、硬度和折射率。但当其含量过多时（$Al_2O_3 > 5\%$）会增强玻璃液的黏度，不利于熔化和澄清，反而会增加析晶倾向，并且容易使玻璃制品上出现波筋等缺陷。

3）纯碱和石灰石

引入玻璃的纯碱的主要成分是 Na_2O，它能与硅砂等酸性氧化物形成易熔的复盐，起到助熔的作用，使玻璃易于成

图 6-3　硅砂

型。但如果含量过多，会使玻璃热膨胀率增高，抗拉强度下降。

石灰石的主要成分是 CaO，主要起到稳定剂的作用，可以提高玻璃的化学稳定性和机械强度。它能够降低玻璃液的高温黏度，促进玻璃液的熔化和澄清。在温度降低时，能增大玻璃液的黏度，有利于提高引上速度。缺点是含量较高时，会增加玻璃的析晶倾向，使玻璃制品发脆。钠钙玻璃主要由二氧化硅、氧化钙和氧化钠等组成，是硅酸盐玻璃之一。钠钙玻璃是最普通的一种玻璃，温差过大就可能会炸裂，现在较少用在玻璃器皿上，多用于液体瓶或输液瓶。图 6-4 所示为口服液的瓶子。

4) 硼砂

硼砂是一种既软又轻的无色结晶物质，主要为玻璃提供 B_2O_3。它可以使玻璃的热膨胀系数降低，提高其热稳定性、化学稳定性和机械强度，同时还起到助熔剂的作用，加速玻璃澄清和降低玻璃的析晶倾向。高硼硅玻璃是现今的主流，市场上的玻璃杯大多使用这种玻璃，轻巧又结实，冷热均可，如图 6-5 所示。硼硅玻璃常用于微波炉专用玻璃转盘、微波炉灯罩、舞台灯光反射杯、滚筒洗衣机观察窗、耐热茶壶茶杯、太阳能集热管等。

图 6-4　口服液包装瓶　　　　　　　　　　图 6-5　高硼硅玻璃茶具

5) 碳酸钡和硫酸钡

碳酸钡和硫酸钡主要为玻璃提供 BaO，含 BaO 的玻璃可以吸收射线，常用于制作高级玻璃器皿、光学玻璃、防辐射玻璃等。

6) 含铅化合物

含铅化合物的加入可增加玻璃密度，降低玻璃熔体的黏度、熔制温度，提高玻璃的折射率，使其具有特殊的光泽，便于研磨抛光。含铅玻璃也是水晶玻璃，水晶玻璃有很多优点，如透光率高、易于切割和雕刻、回音出色、轻薄而均匀。各种方面都要胜过钠钙玻璃和高硼硅玻璃。一般用于制作工艺品和光学仪器及高级器皿，如图 6-6 所示，成本上比普通玻璃高很多。

使用含铅玻璃器皿对人体有害，尽管铅析出非常微量，但如果长时间盛放烈酒或酸性液体，也有可能会导致铅中毒。现在很多厂家开始用氧化钡、氧化锌、氧化钾来替代氧化铅，生产出的水晶玻璃与含铅水晶玻璃的效果相似，但是已不存在安全风险。

图 6-6　水晶玻璃酒杯

7) 碎玻璃

相对于熔化新原料，加入碎玻璃可以降低生产过程中的能源消耗量，可以加 25% ～ 30%，因此将碎玻璃作为原料的一部分是目前常用的一类方法。

2. 玻璃的辅助原料

1) 澄清剂

澄清剂本身能汽化、分解放出气体，向玻璃溶液或配料中加入澄清剂可以促进玻璃液中气泡的排出。

澄清剂一般为三氧化二锑或白砒与硝酸盐共同使用。

2) 助熔剂

助熔剂可以加速玻璃熔制速度，一般是氟化合物或硝酸盐、硫酸盐。

3) 脱色剂

脱色剂主要是去除玻璃中的着色杂质，如铁、铬、钒、钛等，以提高无色玻璃的透明度。有物理脱色剂和化学脱色剂两种，物理脱色剂起的是着色剂的作用；化学脱色剂的作用是将玻璃中着色能力较强的氧化亚铁转变为着色能力较小的氧化铁。

4) 着色剂

为给玻璃产品着色而加入的添加剂称为着色剂，它可以使玻璃对光线选择性吸收，从而显示出一定的颜色，如图 6-7 所示。通常有钴化合物（蓝色）、银化合物（黄色）、锡化合物（红色）、镉化合物（黄色）、二氧化锰（紫色）、三氧化二铬（绿色），氧化锌（白色）、三氧化二铁（茶色）、氟氧化物或磷化物（乳白色）等。

5) 乳浊剂

乳浊剂是使玻璃制品对光线产生不透明的乳浊状态的添加物。通常瓶罐玻璃主要用氟化物作为乳浊剂。

6) 其他

在生产过程中加入某些金属氧化物、化合物或经过特殊工艺处理时，可制得各种不同特殊性能的特种玻璃。

图 6-7　各种颜色的平板玻璃

6.1.2　玻璃材料的特性

玻璃的种类非常多，不同种类的玻璃具有不同的特性。随着新技术的出现，不断出现具有新特性的玻璃。玻璃材料的特性很多，大体可以分为基本特性和艺术特性。

1. 玻璃的基本特性

1) 强度

玻璃是一种脆性材料，在产品设计中限制了它的适用范围。玻璃的强度一般用抗拉、抗压、抗折、抗冲击强度等指标来表示。其中抗拉、抗压强度是决定玻璃产品坚固耐用的重要指标。

玻璃抗压强度很高，为其抗拉强度的 14 ~ 15 倍。各种玻璃的抗压强度与其化学成分、杂质的含量与分布、产品的形态、厚度及加工方法有关。SiO_2 含量高的玻璃具有较高的抗压强度，而 CaO、Na_2O 及 K_2O 等氧化物则会降低抗压强度。

玻璃的抗拉强度较低，这是由于玻璃表面的细微裂纹所引起的，往往经受不住张力的作用而破裂。在玻璃的成分中增加 CaO 的含量，可使抗拉强度显著提高。玻璃淬火后可显著提高其抗拉强度，比退火玻璃高 5 ~ 6 倍。块状、棒状玻璃的抗拉强度较低，而玻璃纤维的抗拉强度则很高，为块状、棒状玻璃的 20 ~ 30 倍。玻璃纤维直径越细，其抗拉强度越高。

为了改善玻璃的脆性，可以通过夹层、夹丝、微晶化和淬火钢化等方法来提高玻璃的抗折、抗冲击强度。

2) 硬度

玻璃的硬度较高，比一般的金属硬，用普通的刀、锯等工具无法切割。在常温下，玻璃的硬度值在莫氏 5 ~ 7 级之间，要用金刚石等硬度极高的材料制作的刀具才能切割，使用金刚砂来研磨加工。

玻璃硬度的大小也不尽相同，主要取决于其化学成分。石英玻璃和硼硅玻璃（含有 10% ~ 20% 的 B_2O_3）的硬度较大，含碱性氧化物多的玻璃硬度较小，含 PbO 的晶质玻璃硬度较小。因此要根据玻璃的硬度选择磨料、磨具和加工方法，如切割、雕刻和研磨等。

3) 光学性能

玻璃是一种高度透明的材料，具有良好的透视、透光功能，具有一定的光学常数，具有吸收、透过紫外线和红外线的性能，具有感光、光变色、光存、光显示等光学性能。当光线照射到玻璃表面时，一部分被玻璃表面反射，一部分被玻璃吸收，一部分透过玻璃。一般来说，光线透过得越多，被吸收得越少，玻璃的质量越好，如良好的门窗用平板玻璃（厚 2mm），其透光率可达 90%，反射率约 8%，吸收率约 2%。

各种玻璃的光学性能有很大差别，通过改变其化学成分及加工条件，可使玻璃的光学性能发生很大的改变。在产品设计时，对于某些对光敏感的包装物，例如药品、化学试剂、香水等，需要对玻璃容器进行着色，以阻挡某一光波的通过，避免包装物受损。同时，玻璃具有较高的折射率，因此能制成耀眼夺目的优质玻璃器皿和艺术品。

4) 电学性能

常温下玻璃是电的不良导体，在电子工业上可做绝缘材料使用，如用于电话、电报及电学仪器上，且玻璃织物还可以作为导线和各种电机上的绝缘材料。

随着温度的上升，玻璃的导电性会迅速提高，在熔融状态下会变为良导体。导电玻璃可用于光显示，如计算机的材料和数字钟表。有些玻璃（含有钒酸盐、硒、硫化合物等）具有电子导电性，已作为玻璃半导体广为应用。

5) 热学性能

(1) 热膨胀

玻璃受热后的膨胀大小，一般以热胀系数来表示。玻璃的热胀系数，在实际应用方面具有很大的意义，如不同成分的玻璃的焊接或熔接、叠层套料玻璃的制造，都要求具有近似的热胀系数。玻璃热胀系数的大小，取决于其化学组成。石英玻璃的热胀系数最小，含 Na_2O 及 K_2O 多的玻璃制品的热胀系数最高。

(2) 导热性

玻璃的导热性很差，其热导率只有钢的 1/400。玻璃的导热能力与其化学成分有关，但主要取决于密度。相同密度的玻璃，尽管成分不同，其热导率相差极小。通常情况下，石英玻璃的导热性最好，普通钠钙玻璃的导热性最差。

(3) 热稳定性

材料在经受急剧的温度变化而不致破裂的性能，称为热稳定性或耐热性。玻璃的热稳定性很差，在温度急剧变化的情况下很容易破裂。这是由于在温度急变时，玻璃内部产生的内应力超过了玻璃强度。玻璃制品的厚度越大，承受温度急剧变化的能力也越小。玻璃的热稳定性还与其化学组成、生产工艺、制品结构有关。玻璃的热稳定性与玻璃的热胀系数也有关，凡能降低玻璃热胀系数的成分都可以提高其热稳定性。石英玻璃的热稳定性最好，最大温度可达到 1000℃而不破裂，将炽热的石英玻璃投入冷水中也不会破裂。

6) 化学性能

玻璃的化学性质比较稳定，通常情况下，对酸碱盐、化学试剂及气体都有较强的抵抗能力。但长期遭受侵蚀性介质的作用也会导致其外观破坏和透光性能降低。例如，玻璃长期遭受大气和雨水的侵蚀，表面会产生斑点、发毛等现象，变得晦暗。碱性溶液对玻璃的作用要比酸性溶液、水和潮气强烈得多。一些光学、化学玻璃仪器容易受周围介质（如潮湿空气）的作用，在其表面形成白斑或雾膜，因此在使用和保存时应注意。

2. 玻璃的艺术特性

1) 透明性

玻璃最基本的属性是透明性,各种玻璃具有不同的透明度,有完全透明的、半透明的,还有些几乎不透明的。另外,有些玻璃是充满气泡杂质的,有些玻璃是夹丝的。非常纯净、透明的玻璃(如普通玻璃、浮法玻璃、水晶玻璃等)可以创造出明亮的光环境,除了满足采光功能要求外,还具有一种通透的艺术效果,分隔空间的同时又延续了空间,增加了空间的层次,形成内部空间的相互流通,如图6-8所示。玻璃透明无瑕的视觉效果使玻璃产品给人带来纯洁晶莹的感受,含蓄而神秘。

2) 反射性

反射性是玻璃最重要的特性之一。例如,采用热反射玻璃和镀膜玻璃的玻璃幕墙建筑,可以从幕墙上欣赏到明朗的天、温柔的云朵、繁华的街景,是现代城市的象征之一,但同时带来另一个城市环境问题——光污染。在产品设计中,反射性带来的眩光效果给人一种千变万化、绚丽夺目的视觉效果。

图 6-8　玻璃隔断使空间相通

3) 可塑性

在不同的温度条件下,玻璃表现出不同的可塑性。不同的温度使玻璃的状态从固体到柔软到粘连到熔化,使其成型方法有了非常多的可能性。熔融状态下,可使用流、沾、滴、淌、吹、铺、铸等工艺;半固体状态下,可应用捏、拉、缠、绕、剪、压、弯等工艺;在固态状态下,可采用磨、切、琢、钻、雕等工艺。这些加工工艺可创造出形形色色、千姿百态的玻璃工业产品。

4) 透光性

透明玻璃有较高的透光率,而磨砂玻璃、压花玻璃等具有不透明而透光的特征,阻断视线而又不阻断光线,可使室内光线变得柔和、恬静,产生有一种朦胧的美。在一些娱乐场所采用这些玻璃,加上彩灯照耀,明暗变化,可以渲染出一种神秘而变化莫测的气氛。

5) 多彩性

具有各种颜色的透光玻璃、反射玻璃或彩釉玻璃可以形成多姿多彩的装饰效果,如哥特式教堂中五光十色的彩色玻璃窗,各种颜色的水晶玻璃吊灯等。

6.2　常见玻璃的分类

玻璃的分类方法很多,一般有按形态分类、按用途分类、按工艺分类、按主要成分分类等,在此按照玻璃的用途主要分为通用玻璃材料和特种玻璃材料。

6.2.1　通用玻璃材料

1. 平板玻璃

在所有玻璃产品中,平板玻璃是应用最多的一种玻璃。不同厚度的平板玻璃有不同的用途,下面简要介绍一下。

(1) 3 ~ 4mm 玻璃，主要用于画框表面。

(2) 5 ~ 6mm 玻璃，主要用于外墙窗户、门等小面积透光造型等。

(3) 7 ~ 9mm 玻璃，主要用于有较大面积但有框架保护的室内屏风等。

(4) 9 ~ 10mm 玻璃，主要用于室内大面积隔断、栏杆等。

(5) 11 ~ 12mm 玻璃，主要用于地弹簧玻璃门和一些人流活动较密集的隔断。

(6) 15mm 以上玻璃，主要用于较大面积的地弹簧玻璃门和外墙整块玻璃墙面，一般市面上销售较少，需要预定。

2. 磨砂玻璃

磨砂玻璃是在普通玻璃表面用机械研磨、手工研磨或者化学溶蚀等方法将其表面加工成毛面的一种玻璃。由于表面粗糙，使光线漫反射，透光而不透视。磨砂玻璃的应用可以使室内光线柔和而不刺眼。常用于需要遮断视线的浴室、卫生间门窗和隔断及一些日用品。

3. 喷砂玻璃

喷砂玻璃在视觉上与磨砂玻璃相似，不同的是加工工艺采用喷砂的方式。喷砂玻璃的加工过程是将水与金刚砂的混合物高压喷射在玻璃表面，起到打磨的作用，可以在玻璃表面加工成水平或凹雕图案，如图 6-9 所示。多应用于器皿、灯具产品、室内隔断、装饰、屏风、浴室、家具、门窗等处。

4. 压花玻璃

压花玻璃又称为花纹玻璃或者滚花玻璃，是采用压延方法制造的一种平板玻璃。压花玻璃的物理性能基本与普通透明平板玻璃相同，不同之处在于具有透光不透明的特点，可以使光线柔和，起到保护隐私的阻隔作用，如图 6-10 所示。同时具有各种花纹图案，各种颜色，有一定的艺术装饰效果。压花玻璃适用于器皿、灯具产品、建筑的室内间隔、卫生间门窗及需要阻断视线的各种场合。

5. 夹丝玻璃

夹丝玻璃是采用压延方法，将金属丝或金属网嵌于玻璃板内制成的一种抗冲击平板玻璃，受撞击时只会形成辐射状裂纹而不会飞溅或坠落伤人。夹丝玻璃的防火性优越，高温燃烧时不炸裂，可遮挡火焰。多用于高层建筑门窗、天窗、震动较大的厂房及其他要求安全、防震、防盗、防火之处。

图 6-9 喷砂玻璃灯具

图 6-10 压花玻璃

6. 夹层玻璃

夹层玻璃一般由两片普通平板玻璃（或者钢化玻璃、其他特殊玻璃）和玻璃之间的有机胶合层（如尼龙等）构成。当受到破坏时，碎片仍黏附在胶层上，仍然能够保持能见度。避免了碎片飞溅对人体的伤害，多用于有安全要求的建筑、产品中，如高层建筑门窗、高压设备观察窗、飞机和汽车挡风窗及防弹车辆、水下工程、动物园猛兽展窗、银行等。

6.2.2　特种玻璃材料

1. 钢化玻璃

钢化玻璃属于安全玻璃的一种。钢化玻璃是普通平板玻璃经过二次加工处理后形成的一种预应力玻璃。通常使用化学或物理的方法，在玻璃表面形成压应力，使玻璃在承受外力时，可以抵消表层应力，从而提高了承载能力，增强了玻璃的抗风压性、寒暑性及冲击性等。钢化玻璃具有良好的热稳定性，能承受 300℃的温差变化，是普通玻璃的 3 倍。一般情况下，钢化玻璃不容易破碎。即使受较大外力破坏，碎片也会成类似蜂窝状的钝角碎小颗粒，大大降低对人体可能造成的伤害，如图 6-11 所示。同等厚度的钢化玻璃其抗冲击强度是普通玻璃的 5 倍，抗拉强度是普通玻璃的 3 倍以上。广泛应用于高层建筑门窗、玻璃幕墙、室内隔断玻璃、采光顶棚、观光电梯通道、船舶、车辆、家具、器皿、玻璃护栏等。

图 6-11　钢化玻璃破碎后

钢化玻璃有以下缺点，在产品设计应用时应予以考虑。

(1) 钢化玻璃不能进行切割和加工，只能在钢化前就将玻璃加工成需要的形状，再进行钢化处理。

(2) 钢化玻璃的强度虽然比普通玻璃强，但是由于气泡、杂质、结石或是含有硫化镍结晶物，或是因加工过程中操作不当造成有划痕、炸口、深爆边等缺陷，易造成应力不均，从而导致钢化玻璃自爆。

(3) 钢化玻璃的表面会存在凹凸不平现象（风斑），有轻微的厚度变薄。变薄的原因是因为玻璃在热熔软化后，再经过强风力使其快速冷却，会使玻璃内部的晶体间隙变小，压力变大，所以玻璃在钢化处理后要比之前薄。一般情况下，4 ~ 6mm 玻璃在钢化后变薄 0.2 ~ 0.8mm，8 ~ 20mm 玻璃在钢化后变薄 0.9 ~ 1.8mm。具体变薄程度要根据设备来决定，这也是钢化玻璃不能做镜面的原因。

2. 防弹玻璃

防弹玻璃是由玻璃（或有机玻璃）和优质工程塑料经特殊加工得到的一种复合型材料，通常包括聚碳酸酯纤维层夹在普通玻璃层中。防弹玻璃实际上就是夹层玻璃的一种，只是构成的玻璃多采用强度较高的钢化玻璃，而且夹层的数量也相对较多。另外，防弹玻璃结构中的胶片厚度与防弹效果有关，如使用 1.52mm 胶片的防弹玻璃的防弹效果优于使用 0.76mm 胶片的防弹玻璃。多应用于银行或者豪宅等对安全要求非常高的场所。

3. 阳光控制镀膜玻璃

阳光控制镀膜玻璃是对太阳光具有一定控制作用的镀膜玻璃，具有良好的隔热性能。在保证室内采光柔和的条件下，阳光控制镀膜玻璃可有效地屏蔽进入室内的太阳光热能，既能维持建筑内部的凉爽，避免暖房效应，又可以节省通风及空调费用。可用作建筑门窗、幕墙，还可用于制作高性能中空玻璃。另外，阳光控制镀膜玻璃的镀膜层具有单向透视性，故又称为单反玻璃。可以使周围建筑物及自然景观映射在整个建筑物上，显得异常绚丽光彩。在使用时应注意，使用面积不应过大，会造成光污染，影响环境的和谐。在安装单面镀膜玻璃时，应将膜层面向室内，以提高膜层的使用寿命和取得最大的节能效果。

4. 微晶玻璃

微晶玻璃（又称为微晶玉石或陶瓷玻璃）是利用玻璃热处理来控制晶体的生长发育而获得的一种多晶材料。微晶玻璃和我们常见的玻璃看起来大不相同，它具有玻璃和陶瓷的双重特性，普通玻璃内部的原子排列是没有规则的，这也是玻璃易碎的原因之一。而微晶玻璃像陶瓷一样，由晶体组成，也就是说，它的原子排列是有规律的。所以，微晶玻璃比陶瓷的亮度高，比玻璃韧性强。微晶玻璃可以用于电磁（陶）炉面板（见图 6-12）、天然气灶台面板、锅具、天文望远镜镜片、建筑装饰等，具有以下优点。

1) 良好的质感和丰富的色泽

由于微晶玻璃是透明、半透明和不透明等多相组成且均匀分布的复合材料，因此射入微晶玻璃的光线，不仅从表面也从材料内部反射出来，显得柔和、有深度。其表面经过不同的加工工艺又可产生不同的质感。抛光后的微晶玻璃的表面光洁度远远高于天然石材，其亮丽的光泽使得产品表面更显档次，而毛光和亚光微晶玻璃可使产品平添自然厚实的庄重感。因此微晶玻璃可以在质感和色泽上很好地满足设计者的需求。

2) 色调均匀

微晶玻璃易于实现颜色均匀，尤其是高雅的纯白色微晶玻璃，更是天然石材所望尘莫及的。在生产白色或色彩鲜艳的微晶玻璃时，一般都使用矿物原料和化工原料，与天然石材的色彩非常接近，也不会因使用时间长而变色、褪色。

3) 极佳的耐候性

微晶玻璃是无机材料经高温精制而成，其结构均匀细密，比天然石材更坚硬、耐磨、耐腐蚀等，即使暴露于风雨及被污染的空气中也不会变质、褪色。微晶玻璃具有玻璃不吸水的特性，所以不易污染。

4) 优良的环保性

微晶玻璃不含任何放射性物质，确保了环境无放射性污染。不论从任何角度照射，都可形成自然柔和的质感，毫无光污染。因其可用矿石、工业尾矿、冶金矿渣、粉煤灰等作为主要生产原料，且生产过程中无污染，是 21 世纪新型绿色环保材料。

5) 规格齐全，易加工

根据需要可以生产各种规格、厚度的平板和弧形板，可加热到 760℃～800℃，与天然石材相比，具有强度均匀、工艺简单、成本较低等优点。

5. 低辐射玻璃

低辐射玻璃也称为 Low-E 玻璃，即采用物理或化学方法在玻璃表面镀上含有一层或两层甚至多层膜系的金属薄膜或金属氧化物薄膜，来降低能量吸收或控制室内外能量交换。低辐射玻璃既能像普通玻璃一样让室外太阳光、可见光透过，又像红外线反射镜一样，将物体二次辐射热反射回去，如图 6-13 所示。在任何气候环境下使用，均能起到控制阳光、节能环保、调节及改善室内环境的作用。但要注意的是，低辐射玻璃除了影响玻璃的紫外线、遮光系数外，从某个角度上观察会有一些不同颜色显现在玻璃的反射面上。目前多用于建筑、室内外装饰领域，低辐射玻璃对太阳光中可见光的透射率，可达到80% 以上，而反射率则很低，这使其与传统的镀膜玻璃相比更透明、清晰。既能保证建筑物良好的采光，又避免了以往大面积玻璃幕墙造成的光污染现象。

图 6-12　电陶炉

图 6-13　各种颜色的 Low-E 玻璃

6. 聪敏玻璃

　　1992 年，美国加利福尼亚大学的科研人员经研究发现，在玻璃液中添加选择性极高的在某些化合物中能变色的酶或蛋白质，玻璃液凝固后，会形成一根根玻璃丝围在大蛋白的四周。这种玻璃有足够多的孔容纳小气体分子，如氧气、一氧化碳分子。在环境监测方面，这种智能玻璃可监测大气中的有害气体，有助于保护生态环境。在医疗诊断方面，如果做成光导纤维，它还可监测血流中的气体浓度。在装饰方面，它也可以与其他种类的玻璃搭配，如雕有图案的玻璃、雾面的玻璃、晶莹剔透的玻璃任意组合，呈现不同的美感。

7. 真空玻璃

　　真空玻璃是将两片平板玻璃四周密封起来，将其间隙抽成真空并封闭排气孔，两片玻璃之间的间隙为 0.1 ~ 0.2mm，两片平板玻璃中一般至少有一片是低辐射玻璃，这样就将通过真空玻璃的传导、对流和辐射散失的热降到最低，其工作原理与玻璃、不锈钢保温瓶的保温隔热原理相同。真空玻璃绝热性能极佳，具有热阻极高的特点，有很高的使用价值，还具有低碳节能、隔热保温、隔声降噪的优点，如图 6-14 所示。

8. 调光玻璃

　　根据控制原理的不同，调光玻璃可由电控、温控、光控、压控等方式实现玻璃在透明与不透明状态之间的切换。目前市面上实现量产的调光玻璃，几乎都是电控型调光玻璃。电控调光玻璃的原理是当电控产品电源关闭时，电控调光玻璃里面的液晶分子会呈现不规则的散布状态，使光线无法射入，让电控玻璃呈现不透明的外观。调光玻璃是将液晶膜复合进两层玻璃中间，经高温高压胶合后一体成型的新型光电夹层玻璃产品。调光玻璃本身不仅具有一切安全玻璃的特性，同时又具备控制玻璃透明与否的隐私保护功能，由于液晶膜夹层的特性，调光玻璃还可以作为投影屏幕使用，替代普通幕布在玻璃上呈现高清画面图像。调光玻璃价格相对而言一直较高，因此多应用于高端产品，如图 6-15 所示。

图 6-14　各种厚度的真空玻璃

图 6-15　智能电控调光玻璃

9. 变色玻璃

变色玻璃也称为光控玻璃，可在适当波长的光的辐照下改变其颜色，而移去光源时则恢复原来的颜色。变色玻璃是在玻璃原料中加入光色材料制成。用变色玻璃作为窗户玻璃，可使烈日下透过的光线变得柔和且有阴凉之感。变色玻璃还可用于制作太阳镜片、头盔、建筑幕墙等，如图 6-16 所示。

图 6-16　变色眼镜

10. LED 玻璃

LED 玻璃是一种新型环保节能产品，是 LED 灯和玻璃的结合体，既有玻璃的通透性，又有 LED 的亮度，又称为通电发光玻璃、电控发光玻璃，最早由德国人发明。LED 玻璃是一种安全玻璃，具有防紫外线、部分红外线的节能效果，可广泛应用于室内外产品和建筑装饰，如家具、灯具、室外幕墙、门牌、橱窗、天窗、顶棚、时尚家居饰品等设计领域，如图 6-17 所示。

LED 玻璃可以灵活地进行结构配置，各种尺寸、厚度、图案都可以自由选择，有很强的扩展性，同时可对玻璃进行打孔或剪裁，以配合具体设计的要求。LED玻璃可配合智能化信号控制系统对内置的 LED 灯进行控制，产生闪烁、渐变等效果，同时也可以单片LED玻璃为动态单元，进行组合互动的特殊灯光效果。LED 玻璃可设计为平板外形或弯曲外形，适应各种特殊要求。通过与各种不同的玻璃面板结合使用，如钢化玻璃、冰裂玻璃、彩色玻璃、网印玻璃等，满足各种个性化需求。

图 6-17　LED 玻璃

11. 玻璃砖

玻璃砖是用透明或彩色原料压制成形的面状或空心盒状、体形较大的玻璃产品，主要有玻璃饰面砖、玻璃锦砖（马赛克）及玻璃空心砖等，如图 6-18 所示。玻璃空心砖可以独立成为墙体，作为结构材料而非饰面材料使用，如墙体、屏风及隔断等。一般室内空间设计都不希望有黑暗区域出现，选用玻璃空心砖作为隔断，既有划分区域作用，又保留部分光线，且有良好的隔声效果，成为时下较为热门的室内外装修材料，如图 6-19 所示。水立方国家游泳馆和上海世博会联合馆都大量使用了玻璃空心砖。

玻璃砖还具有良好的耐火和防火性能。玻璃砖的款式有透明玻璃砖、雾面玻璃砖、纹路玻璃砖等，光线的透过程度与折射效果不同。有些玻璃砖与不同的玻璃面板结合，或采用中间夹层、网印或布艺等，衍生出丰富的效果，如图 6-20 所示。玻璃的纯度是会影响到整块砖的色泽，纯度越高的玻璃砖，相对的价格也就越高。没有经过染色的透明玻璃砖，如果纯度不够，其玻璃砖色会呈绿色，缺乏自然透明感。

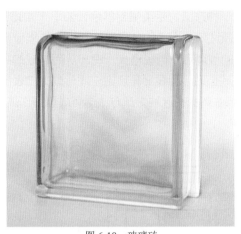

图 6-18　玻璃砖

图 6-19　玻璃砖隔断

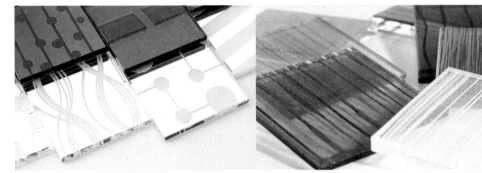

图 6-20　喷砂镜面玻璃砖和布艺夹层玻璃砖

6.3　玻璃的加工工艺

6.3.1　玻璃的成型工艺

玻璃的成型是先将熔融的玻璃液或玻璃块加工成一定几何形状和尺寸的玻璃产品，再根据设计要求进行热处理及二次加工，最后制得产品的过程。具体过程与方法如下。

1. 玻璃的熔制

玻璃的熔制是指将配料经过高温熔融，加热形成均匀的、纯净的、透明的、无气泡的（是指把气泡、条纹和结石等减少到容许程度），并符合成型要求的玻璃液的过程。它是玻璃生产中很重要的环节，是获得优质玻璃产品的重要保证。玻璃的熔制是一个非常复杂的工艺过程，它包括一系列物理的、化学的现象和反应。玻璃熔制的各个阶段，各有其特点，同时它们又互相密切联系和相互影响。在实际熔制中，各阶段常常是同时进行或交错进行的。

2. 平板玻璃的成型工艺

普通平板玻璃的主要成型方法有手工成型和机械成型两种。目前多使用机械成型方法，按其生产方法不同主要分为 4 种：浮法、垂直引上法（分有槽 / 无槽两种）、平拉法和压延法。浮法玻璃由于厚度均匀、上下表面平整平行、没有波筋、劳动生产率高且有利于生产管理等，20 世纪 80 年代开始已经成为生产平板玻璃的主要方式。

1) 浮法成型

浮法成型是将玻璃液漂浮在金属液面上制得平板玻璃的一种方法，是英国皮尔金顿公司于 1959 年研发的工艺。它是将玻璃液从池窑连续地流入并漂浮在有还原性气体保护的金属锡液面上，依靠玻璃的自身重力、表面张力及其拉引力的综合作用，制成不同厚度的玻璃带，再经退火、冷却从而制成的平板玻璃 (也称为浮法玻璃)，如图 6-21 所示。由于这种玻璃在成型时，上表面在自由空间形成火抛表面，下表面与熔融的锡液接触，因而表面平滑，厚度均匀，不易产生畸变。这种生产方法具有成型操作简易、质量优良、产量高、易于实现自动化等优点。

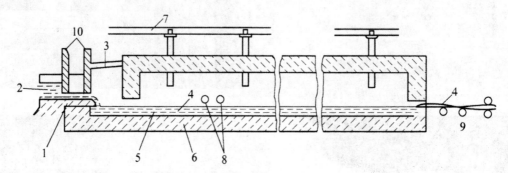

1—流槽　2—玻璃液　3—碹顶　4—玻璃带　5—锡液　6—槽底　7—保护气体管道　8—拉边器　9—过渡辊台　10—闸板

图 6-21　浮法生产示意图

如果在锡槽内高温玻璃带表面上，设置铜铅等合金做阳极，以锡液做阴极，通以直流电后，可使铜等金属离子迁移到玻璃上表面而着色，称作"电浮法"。也可以在锡槽出口与退火窑中间，设热喷涂装置而直接生产表面着色的彩色玻璃、热反射玻璃等。

2) 垂直引上法成型

垂直引上法成型可分为有槽垂直引上法和无槽垂直引上法两种。垂直引上法是利用拉引机械从玻璃溶液表面垂直向上引拉玻璃带，经冷却变硬而成玻璃平板的方法。根据引上设备不同，又分为有槽引上、无槽引上和对辊引上等方法。其特点是成型容易控制，可同时生产不同宽度和厚度的玻璃，但宽度和厚度也受到成型设备的限制，产品质量也不是很高，易产生波筋、线道、表面不平整等缺陷。

有槽垂直引上法是使玻璃通过槽子砖缝隙成型平板玻璃的方法，其成型过程如图 6-22 所示。玻璃液由通路 1 经大梁 3 的下部进入引上室，小眼 2 是供观察、清除杂物和安装加热器用的。进入引上机的玻璃液在静压作用下，通过槽子砖 4 的长形缝隙上升到槽口。此外，玻璃的温度为 920℃ ~ 960℃，在表面张力的作用下，槽口的玻璃液形成葱头状板根包 7，板根包处的玻璃液在引上机 9 的石棉辊 8 的拉引力下不断上升与拉薄形成原板 10。玻璃原板在引上后受到主水包 5、辅助水包 6 的冷却而硬化。而槽子砖是成型的主要设备。

无槽垂直引上法如图 6-23 所示，与有槽垂直引上法的主要区别是：有槽法采用槽子砖成型，而无槽法采用沉入玻璃液内的引砖并在玻璃液表面的自由液面上成型。由于无槽垂直引上法采用自由液面成形，所以由于槽口不平整 (如槽口玻璃液析晶、槽唇侵蚀等) 引起的波筋就不再产生，其质量优于有槽法，但无槽垂直引上法的技术操作难度大于有槽垂直引上法。

3) 平拉法成型

平拉法与无槽垂直引上法都是在玻璃液的自由液面上垂直拉出玻璃板。但平拉法垂直拉出的玻璃板在 500 ~ 700mm 高度处，经转向辊转向水平方向，由于拉辊牵引，当玻璃板温度冷却到退火上限温度后，进入水平辊道退火窑退火。玻璃板在转向辊处的温度为 620℃ ~ 690℃。图 6-24 所示为平拉法成型示意图。这种方法不需要高大的厂房就可以进行大面积切割，缺点是玻璃厚薄难以控制，板面易产生麻点，因此一般只用于小型生产。

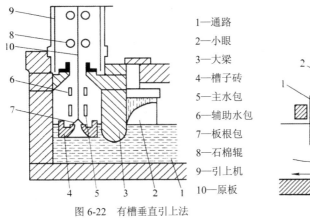

1—通路
2—小眼
3—大梁
4—槽子砖
5—主水包
6—辅助水包
7—板根包
8—石棉辊
9—引上机
10—原板

图 6-22　有槽垂直引上法

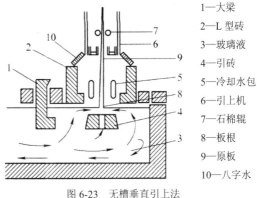

1—大梁
2—L 型砖
3—玻璃液
4—引砖
5—冷却水包
6—引上机
7—石棉辊
8—板根
9—原板
10—八字水

图 6-23　无槽垂直引上法

4) 压延法成型

可以用压延法生产的玻璃有很多种。如压花玻璃（一般为 2 ~ 12mm 厚的各种单面花纹玻璃）、夹丝玻璃（一般厚度为 6 ~ 8mm）、波形玻璃（有大波、小波两种，其厚度为 7mm 左右）、槽形玻璃（分无丝和夹丝两种，一般厚度为 7mm）、熔融法玻璃马赛克、熔融微晶玻璃花岗岩板材（一般厚度为 10 ~ 15mm) 等。目前，压延法已不再用来生产光面的窗用玻璃和制镜用的平板玻璃。压延法有单辊压延法和对辊压延法两种。

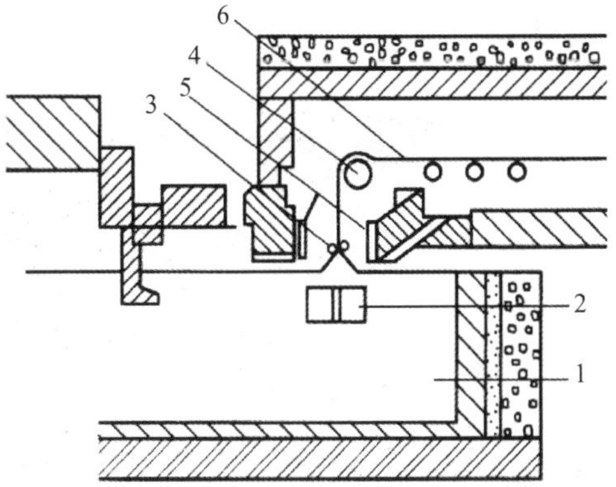

单辊压延法是一种古老的方法，是把玻璃液倒在浇注平台的金属板上，然后用金属压辊压制成平板，如图 6-25(a) 所示，再送入退火窑退火。这种方法无论在产量、质量和成本上都不具有优势，已经被淘汰。

1—玻璃液
2—引砖
3—拉边器
4—转向辊
5—水冷却器
6—玻璃带

图 6-24　平拉法成型示意图

对辊压延法是玻璃液由池窑工作池沿流槽流出，进入成对的用水来冷却的中空压辊，经滚压形成平板，再送到退火炉退火，如图 6-25(b) 所示。采用对辊压制的玻璃板两面的冷却强度大致相近。由于玻璃液与压辊成形面的接触时间短，即成型时间短，故采用温度较低的玻璃液。对辊压延法的产量、质量、成本都优于单辊压延法。各种压延法如图 6-25 所示。

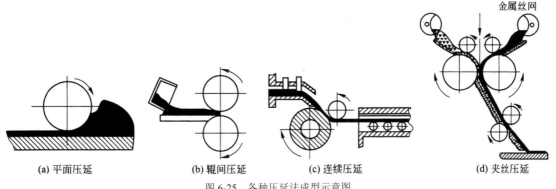

(a) 平面压延　　(b) 辊间压延　　(c) 连续压延　　(d) 夹丝压延

图 6-25　各种压延法成型示意图

3. 其他几种玻璃成型工艺

玻璃成型的几种主要方法有自由成型、吹制成型、拉制成型、压制成型、压延成型等。

1) 自由成型

玻璃的自由成型一般属于无模成型，又称为窑制玻璃。自由成型的玻璃产品因其不与模具接触，所以表面非常光滑而有光泽，多用于制造高级器皿、艺术玻璃及特殊形状的玻璃产品。操作时仅仅只用一些特质的钳子、剪子、镊子、夹板等，将玻璃体通过勾、拉、捏、按、粘等不同方法巧妙地制成最终形状。在整个过程中，玻璃常需要多次反复加热或者用多种玻璃结合起来成型。

2) 吹制成型

吹制成型是先将玻璃黏稠状块料压制成锥形型块，再将压缩气体吹入处于热熔状态的玻璃形块中，使之膨胀成为中空制品。吹制成型可以分为机械吹制成型和人工吹制成型，用来制造瓶、罐、器皿、灯泡、工艺品等，如图 6-26 所示。人工吹制时使用长约 1.5m 的空心铁管，一端用来从熔炉中蘸取玻璃液（挑料），另一端为吹嘴，如图 6-27 所示。挑料后在滚料板（碗）上滚匀、吹气，形成玻璃料泡，在模具中吹胀使之成为中空产品。另外也可以无模自由吹制，最后从吹管上敲落，冷却成型。大型产品成型时，需反复挑料滚匀，以集取足够料量。

机械吹制时，玻璃液由玻璃熔窑出口流出，经供料机形成设定重量和形状的料滴，剪入初型模中吹成或压成初型，再转入成型模中吹成产品。吹成初型再吹成产品称为吹一吹法，适宜制成小口器皿和瓶罐。压成初型再吹成制品的称为压一吹法，适宜制成大口器皿和薄壁瓶罐，如图 6-28 所示。

图 6-26　人工吹制玻璃艺术品

图 6-27　老师傅在吹玻璃

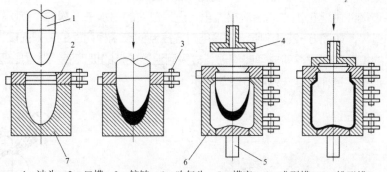

1—冲头　2—口模　3—铰链　4—吹气头　5—模底　6—成型模　7—锥形模

图 6-28　广口瓶压一吹成型示意图

3) 拉制成型

拉制成型是利用机械拉引力将玻璃熔体制成产品的成型工艺，分为水平拉制和垂直拉制，主要用于成型尺寸长的玻璃产品，如玻璃管、玻璃棒，也适宜玻璃纤维和平板玻璃等。这种工艺成型的玻璃产品都有恒定的截面。

4) 压制成型

压制成型是在模具中加入玻璃熔料加压成型，成型过程中玻璃液表层接触模腔和模芯，降温很快。模压成型的产品与吹制成型的产品相比，表面的光泽度和透明度较差，难于制造厚度极薄的产品，但能高效率地形成表面有连续花纹和特殊形状的产品。模压法通常用于制造浮雕产品或厚壁、广口空心的器皿类产品。这类器皿类产品的空腔不能太深，形状比较简单，这样容易脱模。玻璃产品是在有石墨涂层、具有需要形状及尺寸的铁膜中加压成型的，一般模具使用时应提前预热，使模具的表面温度均匀，保证成型质量符合要求。玻璃产品压制成型示意图，如图 6-29 所示。模压成型分为人工压制和机械压制，人工压制以铁杆取料，按设定量剪落入模，模芯（冲头）压下将玻璃液挤满模腔压成产品。机械压制采用和吹制法相同的供料方法，将玻璃液剪入多模压制机的模中，自动落下模芯成型。

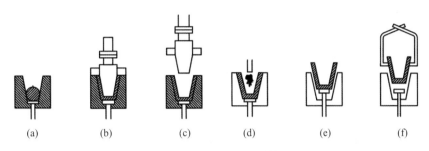

(a)　　　(b)　　　(c)　　　(d)　　　(e)　　　(f)

图 6-29　玻璃产品压制成型示意图

5) 压延成型

压延成型是利用金属辊的滚动将玻璃熔融体压制成板状制品，可以用来生产压花玻璃、夹丝玻璃等多种玻璃。滚筒上刻有花纹即成压花平板。滚筒间夹入金属丝便成夹丝玻璃。在前面详细介绍过，这里不再赘述。

6.3.2　玻璃的热处理

玻璃产品在加工过程中经受高温再到冷却，其表面及内部经受剧烈和不均匀的温度变化，会产生内应力，这种应力使玻璃材料的强度和热稳定性降低，导致在之后的存放或机械加工过程中出现自行破裂的现象。同时，会使玻璃产品的结构不均匀，导致玻璃的光学特性变得不均匀。为了改变这种状况，需要对玻璃进行热处理。玻璃的热处理总体分为退火、淬火和化学强化法三种。

退火是减少、消除玻璃产品内部的热应力的过程，通过退火可以使内部结构均匀，提高光学性能。具体方法是将产品加热到退火点，然后缓慢冷却至室温。主要用于光学玻璃及某些特种玻璃。

淬火可以使玻璃形成一个有规律、均匀分布的压力层，提高玻璃产品的机械强度和热稳定性。淬火也可以叫作回火或热回火。淬火处理的玻璃主要用于大型门窗玻璃、汽车挡风玻璃等。

另有一些化学强化法，如将钠铝硅酸盐玻璃浸入硝酸钾浴槽中 6 ~ 10 小时。浴槽温度比其应变点（约 500℃）低 50℃左右。在这个过程中，玻璃表面附近的钠离子会被较大的钾离子取代，使表面形成压应力而内部形成拉应力。这种化学回火工艺适用于较薄的玻璃产品，如手机、仪表仪器、家电保护屏幕产品，也可制造超音速飞机的玻璃窗和眼科检查的透镜等。

6.3.3　玻璃的二次加工

成型后的玻璃产品，除少数产品能直接使用外，大多数产品都要经过进一步加工，也就是二次加工，才能得到符合要求的产品。如日常生活中常用的玻璃镜面、鱼缸、艺术玻璃、玻璃推拉门等，都是经过二次加工才成型的。常用的二次加工可分为冷加工和热加工两大类。另外还有一些特殊的表面处理。

1. 冷加工

冷加工是指在常温下通过机械方法来改变玻璃产品的外形和表面状态所进行的工艺过程。冷加工的基本方法包括切割、钻孔、黏合、雕刻、车刻、蚀刻、套料雕刻、喷砂与磨砂、研磨与抛光等。

1) 切割

切割是根据设计要求，将大块玻璃切割成所需要的尺寸。玻璃的硬度较高，因此切割要用专用工具，如玻璃刀。玻璃刀的刀具是用金刚石所制。切割时，用玻璃刀紧靠尺子在玻璃表面刻下划痕，之后轻击玻璃便可沿划痕一分为二。另外用碳化硅、高压水液也能切割玻璃。

2) 钻孔

钻孔一般采用研磨钻孔。用金属材质的棒体，如金刚石钻头、硬合金钻头加上金刚砂磨料浆，利用研磨作用，使玻璃产品上形成所需要的孔。另外也有用电磁振荡、超声波、激光和高压液等方法钻孔。

3) 黏合

玻璃的黏合剂有很多种，常见的有 UV 胶、环氧树脂黏合剂和专用的玻璃胶等。UV 胶即无影胶，其特点是效果透明无痕且无气泡，但需用紫外线灯照射 30s，然后再用强力的夹子夹一段时间，成本较高。环氧树脂黏合剂则可以常温固化，固化速度有数分钟到几个小时。有机硅胶即玻璃胶，颜色有透明的也有白色的，牙膏状，固化速度较慢。

4) 雕刻、车刻、蚀刻和套料雕刻

玻璃的雕刻、车刻、蚀刻和套料雕刻，其共同点都是要在玻璃上进行雕刻，因此在这里放在一起介绍，也可以对比一下这几种工艺的差异。

(1) 雕刻

雕刻又称为刻花，是指运用类似玉雕、石雕的工具，在玻璃材料上刻出各种形状各异的立体造型或者深浅不一的浮雕图案，如图 6-30 所示。分为人工雕刻和电脑雕刻两种。其中，人工雕刻需要高超的技巧和很好的审美能力，通过深浅刻痕和转折的配合，可以产生较强的立体感，再加上玻璃所特有的质感美，可以使所绘图案有呼之欲出的效果。雕刻好的玻璃若用于隔断，可以做成通透的或不透的效果，在雕刻后可以上色、夹胶等。

(2) 车刻

车刻是传统的玻璃装饰方法。所谓车刻是指在玻璃产品表面用小型砂轮以机械方法磨刻出各种花纹图案，形成许多刻面。车刻时利用砂轮的不同形状和磨刻角度，可刻出各种立体线条，构成简洁明快的效果。多棱的刻面具有很强的装饰效果，广泛用于器皿、灯具、门窗、书柜、酒柜等产品，如图 6-31 所示。

图 6-30　手工雕刻花纹玻璃酒杯

图 6-31　圆形车刻玻璃烟缸

(3) 蚀刻

玻璃的蚀刻长期以来用氢氟酸作为蚀刻剂。首先将待刻的玻璃，洗净平置晾干，再将待腐蚀的玻璃

表面均匀涂上一层熔化的蜡液作为保护层，待蜡液冷却凝固后用刻刀在蜡层上刻下设计好的文字或图案。雕刻时必须要刻到底，即要划开蜡层，使玻璃露出。这时将氢氟酸滴于刻好的文字或图案上，经过一定时间之后（根据所需花纹的深浅，控制腐蚀时间）用清水洗净氢氟酸，然后用热水将蜡层熔掉，即可制得具有美丽花纹的玻璃。氢氟酸腐蚀性极大且毒性大，操作时要注意不可让酸液掉到皮肤上，更不可让酸液进入眼睛。处理时要注意在通风良好之处进行，不要吸入氢氟酸气体。该法虽然沿用已久，但是由于汽油、氢氟酸的挥发，污染严重。氟化铵可以作为蚀刻剂代替氢氟酸，蚀刻过程中不需要保护层，污染少，操作简易。与氢氟酸相比，制得的蚀刻玻璃，质量好且成本低。蚀刻玻璃可用作字号、牌匾、奖状、装饰用品、工艺品、日用器皿等。图 6-32 所示分别为蚀刻玻璃砖、蚀刻艺术作品。

（4）套料雕刻

套料雕刻是在已有两层或几层套料的玻璃体上按事先设计好的图案雕琢去表层玻璃，露出下层玻璃的颜色，也可以磨去不同的厚度得到颜色深浅不同的图案。这种使表层玻璃和底层玻璃相互衬托的加工工艺，就称为套料法。玻璃套料产品色彩多变、层次丰富，既有玻璃的质色美，又有纹饰凹凸的立体美，经常运用在玻璃器皿的设计中。套料雕刻工艺的工具主要是砣轮，有时也用到砂喷枪，如图 6-33 所示。

图 6-32　蚀刻玻璃砖与蚀刻艺术作品

图 6-33　套料雕刻工艺品

套料工艺是玻璃加工工艺与雕刻工艺相结合的产物，是玻璃制作工艺史上的重要发明。在清康熙年间已经出现，至乾隆时已达到相当高超的水平，那时用涅白色玻璃制成器胎，再根据设计需要，将彩色玻璃料加热至半流质状，黏结在器胎表面，然后加工细部装饰，白色玻璃上套各色彩料，刻出红、绿、黄、蓝、粉红等色彩艳丽的图纹，有时也以彩色玻璃为底，白色或彩色玻璃做装饰。其制作方法有两种，一种是在玻璃胎上满套与胎色不同的另一色玻璃，之后在外层玻璃上雕琢花纹；另一种是用经加热半熔的色料棒直接粘在胎上再雕刻花纹。

5）喷砂与磨砂

喷砂与磨砂都是对玻璃表面进行朦胧化的处理，使得光线透过玻璃后形成比较均匀的散射。主要应用于器皿、灯具、室内隔断、装饰、屏风、浴室、家具、门窗等。

喷砂使用高速气流带动细金刚砂等冲击玻璃产品的表面，使玻璃形成细微的凹凸表面，从而达到散射光线的效果，使得灯光透过时形成朦胧感。喷砂可以形成图案，也可雕出较深的层次。其工艺过程是先将玻璃表面覆盖塑胶质防护剂或贴上塑料薄膜作为保护膜，按图案切除相应的保护膜，使玻璃表面露出，然后进行喷砂，最后掀去保护膜。受到研磨料冲击的玻璃表面呈白色磨砂状，其余部分仍是透明的。若将此工序反复进行多次，可使雕刻面分成几层，更具浮雕感。喷砂后玻璃的表面手感没有磨砂后的效果细腻。工艺难度一般。

磨砂是指将玻璃浸入调制好的酸性液体（或者涂抹含酸性膏体）利用强酸将玻璃表面侵蚀，强酸溶液中的氟化氢氨使得玻璃表面形成结晶体。这种加工方法可以使玻璃表面出现闪闪发光的结晶体，达到异常光滑的效果，但这是在一种临界条件下形成的，即氟化氢氨已经到了快消耗完的时候，很难控制。如果表面比较粗糙，则说明酸对玻璃侵蚀比较严重或者有部分仍然没有结晶体，该工艺技术难度较大。

6) 研磨与抛光

成型后的产品表面往往有缺陷，有些表面较粗糙，有些形状和尺寸需要进一步加工才能符合要求。研磨是将产品先用粗磨料研磨再用细磨料研磨，最后用抛光料进行抛光处理，以获得光滑、平整的表面。通过这些工艺可将玻璃产品表面的多余部分磨掉，制成所需形状和尺寸的玻璃产品。

2. 热加工

热加工的方法有爆口与烧口、火抛光、火焰切割与钻孔、槽沉成型。玻璃的热加工主要是进行某些复杂形状与特殊玻璃产品的最后定型。

1) 爆口与烧口

吹制后的玻璃，必须切割除去与吹管相连接的帽口部分，一般采用划痕和局部急冷或急热使沿边裂断，这就是爆口。爆口后的产品端口常常会形成锋利不平整的边缘。烧口就是用集中的高温火焰加热产品端口部位，利用玻璃导热性弱的特点，局部软化端口部位，在玻璃表面张力的作用下，消除不平整的瑕疵，使玻璃器皿端口部位变得美观整洁。烧口工艺广泛应用于玻璃杯、玻璃瓶等日常生活器皿及玻璃管等。烧口工艺对火焰形状、温度、均匀性等都有很高的要求。

2) 火抛光

火抛光就是利用火焰直接加热玻璃的表面，使其软化而变得光滑，以解决玻璃产品表面的料纹。但是处理后的玻璃面的平整度会有所降低。这种方法适用于钠钙玻璃、高硼硅玻璃，但可能会导致玻璃破碎。

3) 火焰切割与钻孔

火焰切割与钻孔是用高速的高温火焰对玻璃局部进行集中加热，使其熔化达到流动状态，在高速气流的作用下，局部熔化的玻璃沿切口流失，产品被切割开。对于玻璃容器也可采用内部通气加压的方式，使产品在加热部位形成孔洞。

4) 槽沉成型

槽沉成型是将玻璃块或平板玻璃置于模型上加热，使其软化，在重力作用下，软化的玻璃下沉贴附于模具表面，最后形成模具的形状，如图 6-34 所示。

3. 表面处理

1) 玻璃彩饰

玻璃彩饰是利用釉料对玻璃产品进行装饰的过程。常见的彩饰方法有先通过手工描绘、喷花、贴花和印花等各种不同的技法，再经烧制使釉料牢固地熔附于玻璃表面。彩饰方法可以单独采用，也可以组合采用。玻璃彩饰后的产品经久耐用、平滑、色彩鲜艳、光亮，如图 6-35 所示。玻璃彩饰既美观大方，又便于大量生产。

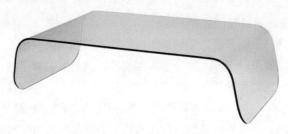

图 6-34　槽沉玻璃茶几

图 6-35　玻璃彩饰果盘

　　彩釉由基础釉和色料组成，一般把基础釉称为熔剂，把色料称为染料，也可称为着色剂，把基础釉与色料的混合物称为彩釉或色釉。在彩釉的配方中，基础釉占彩釉的 80% ~ 95%，色料占 5% ~ 20%，具体根据着色剂的着色能力大小及设计要求而定。

　　2) 玻璃镀银

　　玻璃镀银会产生一种镜面发光效果。化学镀银首先将玻璃清洗干净，之后用氯化亚锡敏化，然后用纯水洗净，再用银氨溶液加葡萄糖作为还原液喷在玻璃表面静止一会儿，银会还原在玻璃表面，最后用纯净水清洗干净然后烘干，如图 6-36 所示。

　　3) 装饰薄膜

　　塑性装饰薄膜即在玻璃表面贴膜，可以改变橱窗及建筑玻璃的外观。图 6-37 所示为彩色玻璃贴膜的玻璃幕墙效果。

图 6-36　玻璃镀银艺术品

图 6-37　彩色玻璃贴膜幕墙

6.4　典型玻璃产品案例赏析

　　玻璃是一种特别的人工合成材料，经常被称为"物质的第四形态"。它不同于木材的温情脉脉，不同于金属的冷酷的时代感，也不同于塑料的轻巧耐用，玻璃给人一种神秘而优雅的感觉，散发着一种宁静、纯粹的味道。玻璃光洁的表面、均匀的光影、晶莹剔透的质感，都是它的形态美在产品设计中的表现。

　　透明性是玻璃最可贵的品质。有人把玻璃艺术创作比喻为"犹如在水和空气中工作"，这道出了玻璃的材质特点：似有似无，实中有虚。面对一件纯净无瑕的玻璃艺术品，人们经常会产生种种遐想，甚至有一种超凡入圣的感觉。

　　玻璃材质美的第二个重要特点是反射性。玻璃具有光滑而且坚硬的表面，使玻璃具有强烈的光反射能力。玻璃是光的载体，光是玻璃的韵律。无论是透明的，还是半透明的，玻璃都呈现了光与影融为一体的质感美，这是其他材料所无法比拟的。

　　玻璃的第三个优点是可塑性，形态变化非常丰富，由于其在不同温度下的不同状态，可以加工成各种形态，既有规则的形状，也有各种不规则的曲线，可以说千变万化。

　　芬兰当代玻璃器皿设计大师 Timo Sarpaneva 曾说："玻璃是一种空间的材料，特别适合用来给予光亮。"也正是那从玻璃不同角度反射出的光亮，让人尽管在寒冷的冬夜里，也能看到一份温和而美好的希望。

1. 北欧玻璃产品的经典——littala

　　如果要用一个词来形容 20 世纪北欧的玻璃器皿现代技术，那就是 littala(伊塔拉)。littala 把简单的玻璃器皿发展成为有创意并富含人文精神的作品，创立了举世瞩目的北欧玻璃产品。

　　玻璃是芬兰设计师钟爱和擅长的材料之一，Iittala 所有的玻璃产品都运用一种无铅水晶玻璃（I-crystall），这种材料密度与反射效果都与含铅的水晶玻璃相似，具有与之一样完美的光源反射性，既环保又美观。大部分 Iittala 的玻璃产品都是纯手工制作，其出品的玻璃器皿清澈、明净，在玻璃产品设计生产中达到登峰造极的程度。

　　如图 6-38 所示为 Alvar Aalto 设计的甘蓝叶花瓶，运用流畅而不规则的曲线，叫人眼前一亮，不但设计独特，完全打破了传统的对称玻璃器皿的固定设计思维，而且承载着回归大自然的哲学趣味。如今，Aalto 花瓶已经成为世界众多博物馆的珍藏品，并在 1988 年获得国际桌上用品奖。

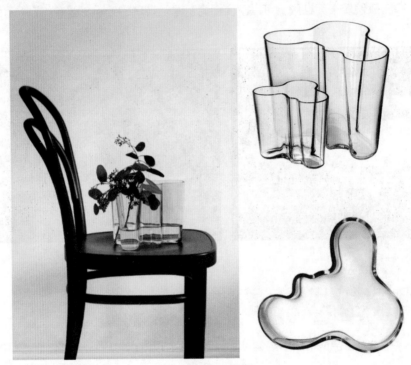

图 6-38　Aalto 花瓶

　　Iittala 另一个著名系列是 Oiva Toikka 设计的玻璃鸟，同样也是芬兰设计源于自然的经典作品之一，该产品中很多鸟的造型就取材于大自然。芬兰人认为鸟是吉祥的象征，也是大自然的一部分。Toikka 认为，用流动的玻璃来呈现鸟的动态再合适不过。玻璃鸟为纯手工制作，一次成型，工艺难度极高，每一只都是独一无二的。过去的 40 多年里，Toikka 与工匠们一同制作了 500 多只富有生命活力的玻璃鸟尊，如图 6-39 和图 6-40 所示。

图 6-39　Iittala 的玻璃鸟

　　Bouroullec Brothers 联合 Iittala 推出了他们的作品 Ruutu。该系列由 7 种颜色、5 种大小的 10 只玻璃花瓶组成，如图 6-41 所示。把这些风格极简、无缝衔接的吹制硼硅玻璃容器摆放在一起，栩栩如生地表现了玻璃材料的力量与精细。

图 6-40 玻璃鸟作品

图 6-41 Bouroullec Brothers 设计的 Ruutu

Ruutu 在芬兰语中是菱形或四方形的意思。Erwan Bouroullec 说："玻璃是一种喜欢圆滑,喜欢曲线,有点像流淌的蜂蜜一样的材料,它不是一种容易被精确的几何图形束缚的材料,所以菱形是最好的选择,因为它能够满足我们最初想要实现的愿望。"Ronan 补充说: "我们希望找到一种能够完美把各种不同的色彩与体积融合在一起的形状,就像用水调出来的水彩一样。"

Tapio Wirkkala 是有机现代主义最重要的代表人物之一,他赫赫有名的抽象设计,无论是玻璃器皿、家具、珠宝还是餐具,都充分地体现了备受大自然因素影响的北欧设计。他的代表作 Ultima Thule 融冰系列如水滴冻结般的形态的玻璃酒具,闪闪发光的冰柱形态营造了不同寻常的自然效果。Wirkkala

在 20 世纪 60 年代首创了用雕刻成型的木头模具来制作玻璃的方法，这种独特的设计需要花费数千小时来完善玻璃的吹制技术。Ultima Thule 融冰系列酒具于 1968 年上市以来，一直被芬航商务舱和贵宾休息室选用，如图 6-42 所示。图 6-43 所示为 Wirkkala 在 1958 年推出的 Ovalis 花瓶；图 6-44 所示为他所创作的一套口吹玻璃系列 Wirkkala 2015。

图 6-42　Tapio Wirkkala 推出的 Ultima Thule 融冰系列

图 6-43　Ovalis 花瓶　　　　　　　　图 6-44　Wirkkala 2015

由 Oiva Toikka 设计的 Kastehelmi 露珠系列是 Iittala 最受欢迎的系列之一。芬兰人几乎家家都有 Kastehelmi 系列餐具组合。该系列设计于 1964 年,于 2010 年又被重新推出。玻璃器皿表面有一圈圈小玻璃珠子,灵感源自树木花草上的露珠,非常晶莹剔透,给人清凉感,如图 6-45 所示。

图 6-45 Kastehelmi 露珠系列

Timo 系列的玻璃杯是芬兰当代设计大师 Timo Sarpaneva 最得意的玻璃工艺作品,杯身由耐热玻璃所制成的,外缘用彩色螺旋形的矽树脂所包覆,仿佛为简单的杯身穿上了一件缤纷的外衣,更为重要的是具有隔热效果,让使用者在饮用热饮时不会被烫到。简洁的外形兼顾实用性,不多一分也不少一分,是芬兰设计的优秀代表作品之一,如图 6-46 所示。他的代表作品还有伊塔拉清新系列烛台,由高矮不同的烛台组成,如图 6-47 所示。

图 6-46 Timo 玻璃杯

图 6-47 伊塔拉清新系列烛台

2. 玻璃可以达到的艺术境界

　　Dale Chihuly 是美国著名的玻璃雕塑师。他的作品风格在吹制玻璃艺术品中独树一帜。从单一的玻璃器皿到室内外复杂的陈设艺术品，都以彩色的线条和复杂的组合而著称。某种意义上讲，是他将吹制玻璃艺术带入大规模雕塑领域，其作品制作工艺的复杂程度非常惊人。他的团队推动了玻璃雕塑的全面发展，其艺术作品被全世界超过 200 家博物馆收藏。图 6-48 所示为位于美国西雅图的 Chihuly Garden and Glass 的 Glass House(玻璃花房)，长约 30m，由 1400 片玻璃花组成的大型玻璃艺术品。图 6-49 所示为奇胡利非常有名的作品 Persian Ceiling（波斯屋顶），其艺术效果非常震撼。图 6-50 所示为室内玻璃摆件作品。

图 6-48　Glass House(玻璃花房)

图 6-49　Persian Ceiling(波斯屋顶)

图 6-50　室内摆件作品

艺术家 Peter Bremers 的大多数作品是通过他在亚洲、非洲等地采风后而获得的灵感来进行艺术创作的。他推出的 Icebergs & Paraphernalia 系列作品很引人瞩目。在纪录片里，他详细描述了此次南极之行的帆船之旅，影片记录下了冰川和海浪在黎明的朝阳下闪闪发光的美丽景象。在 Icebergs & Paraphernalia 系列作品中他用连绵起伏的波浪形状及各种棱角与拱门形态，表现了冷与暖、光影色彩的更替变换。他用玻璃艺术的语言诠释了南极风貌及冰川所带给我们的无限遐想，如图 6-51 和图 6-52 所示。

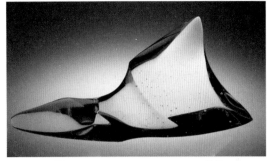

图 6-51　Icebergs & Paraphernalia 系列 1

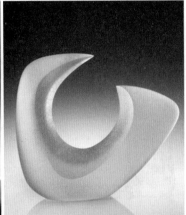

图 6-52　Icebergs & Paraphernalia 系列 2

艺术家 John Kiley 毕业于 Pilchuck 玻璃艺术学院，1994—1998 年期间他一直在奇胡利威尼斯项目中工作，1997—2001 年间，他协助但丁·马里奥尼和本杰明·摩尔。他曾说："我努力创建对象，推动材料本身超越简单的内在美。他的玻璃雕塑充满对外部和内部形式的探索，表达了形状与光之间的关系，如图 6-53 至图 6-55 所示。

图 6-53　作品 1　　　　　　　图 6-54　作品 2　　　　　　　图 6-55　作品 3

3. 因玻璃包装摇身一变的全球饮品——可口可乐玻璃瓶

作为世界上最畅销的饮品，可口可乐的玻璃瓶包装成为其品牌文化的典型代表之一。如图 6-56 所示，最左边由 EarlR.Dean 设计的弧形玻璃瓶至今已超过 100 岁，其灵感来源于可可豆荚。可口可乐发起一系列全球性的出版物、广告、巡回艺术展来为它庆生。中间的瓶子来自 EarlR.Dean 在 1923

年的一次改进，那之后瓶身的轮廓沿用至今。1957 年，可口可乐将玻璃瓶上的压制 Logo 改为印刷标签，也就成了最右边的样式。基于运输和成本的考虑，目前市面上的可口可乐已经被易拉罐和塑料瓶全面占据，但在某些餐厅，我们还可以碰见玻璃瓶包装的可口可乐。

4. 独家的玻璃切割技术——施华洛世奇首饰

只要一提到水晶饰品，人们首先想到的品牌就是施华洛世奇。施华洛世奇的水晶饰品确切地说都是人造水晶玻璃产品，不是纯天然的水晶。施华洛世奇产品最为吸引人之处，在于它的产品被巧妙地打磨成数个切面，使其对光线有极好的折射能力，看起来格外耀眼夺目，其效果可以媲美真正的水晶与宝石，而价格却低得多。施华洛世奇公司一直通过其产品与宣传向人们传播一种精致生活精神，成为一种文化的象征。图 6-57 所示为该公司每年圣诞节前夕都会推出的限量版雪花吊饰。图 6-58 所示为心形粉色水晶摆件，晶莹剔透，让人有种美好的感觉。图 6-59 所示为其推出的吊坠，看上去奢华夺目。

图 6-56　可口可乐包装瓶的演变

图 6-57　施华洛世奇雪花吊坠

图 6-58　施华洛世奇水晶摆件

图 6-59　施华洛世奇水晶吊坠

5. 新产品的出现伴随着技术的革新——美国康宁

美国康宁公司 (Corning) 在近 200 年的历程中，运用新技术源源不断地推动人类文明的进程。从 1897 年为爱迪生制造的第一只灯泡玻璃，到 20 世纪 80 年代问世的原始液晶显示；从 1913 年，世界第一款耐热玻璃烘烤用具，到如今遍及世界各地的 Internet 通信光纤；甚至从 1950 年以来，美国太空计划署所发射的每一枚太空梭的头锥，都运用了康宁公司的领先科技技术。康宁也将世界最先进的耐热玻璃技术运用到厨房用品，推出了晶彩透明锅系列 VISIONS，体现了人类健康精彩的高科技生活。此产品以透明琥珀色系列的煮锅及汤锅闻名，如图 6-60 所示。

大猩猩玻璃是康宁公司生产的环保型铝硅钢化玻璃。这种玻璃表面的粗糙度非常低，手感光滑，很适合作为触摸屏手机的液晶保护层。第一代大猩猩玻璃厚度均匀，可以达到 0.7 ~ 2.0mm 的不同厚度规格。2012 年推出的第二代大猩猩玻璃厚度比第一代产品降低了 20%。到现在康宁大猩猩玻璃已经推出了第五代,将跌落保护提升到了康宁前所未有的高度,从 1.6m 高跌落到粗糙表面上时,完好率可达到 80%。它不仅是康宁目前最为坚韧的盖板玻璃,同时还具有大猩猩玻璃所著称的抗损伤性能、光学清晰度及触摸灵敏度。当年乔布斯来到康宁,劝说康宁同意为苹果公司生产防刮花屏幕,这是一次大胆的合作,造就了今日大猩猩玻璃在高端智能手机和平板电脑上的广泛应用。多家国际品牌的液晶电视也使用了这种玻璃,如图 6-61 所示。

图 6-60　康宁晶彩透明锅

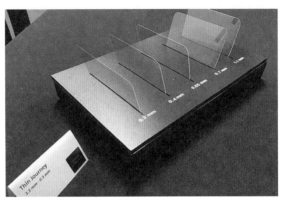

图 6-61　不同厚度的大猩猩玻璃

6. 著名的玻璃建筑

范斯沃斯住宅是密斯·凡德罗 1945 年为美国单身女医师范斯沃斯设计的一栋住宅,1950 年落成。住宅坐落在帕拉诺南部的福克斯河右岸,房子四周是一片平坦的牧野,夹杂着丛生茂密的树林。与其他住宅建筑不同的是,范斯沃斯住宅以大片的玻璃幕墙取代了阻隔视线的墙面,成为名副其实的"看得见风景的房间"。范斯沃斯住宅造型类似于一个架空的四边透明的盒子,建筑外观也简洁明净,高雅别致,如图 6-62 所示。

这栋全玻璃的房子更多的是密斯建筑理念的一种实验性产品,在居住者便利方面的考虑则有所欠缺。尽管如此,范斯沃斯住宅仍是第一个大胆运用玻璃作为幕墙的经典建筑作品。在玻璃建筑上的应用方面可以说是一个里程碑。

如图 6-63 所示为贝聿铭为巴黎卢浮宫设计建造的玻璃金字塔,高 21m,底宽 34m,耸立在庭院中央。它的四个侧面由 603 块菱形玻璃拼组而成,总平面面积约有 $1000m^2$,塔身总重量为 200t,其中玻璃净重 105t,金属支架仅有 95t。换言之,支架的负荷超过了它自身的重量。因此行家们认为,这座玻璃金字塔不仅是体现现代艺术风格的佳作,也是运用现代科学技术的独特尝试。

图 6-62　范斯沃斯住宅

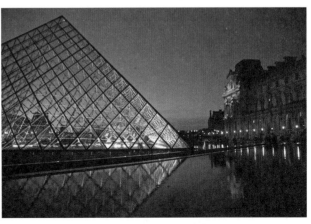

图 6-63　法国巴黎卢浮宫的玻璃金字塔

《第7章》
新 材 料

新材料已成为现代高新技术的重要组成部分，在科学研究和制造业中的基础作用和先导作用正在日趋显现，已经对未来经济市场和社会发展起着重要的不可估量的影响。

7.1 新材料概述

人类社会的发展史表明，人类社会的出现、进步和发展与人类对材料的发现、利用密不可分。人类历史进程中所有对新材料的利用都直接反映人类社会生产力与文明水平。从最早石器时代到青铜时代，再到铁器时代；从陶器时代到瓷器时代，再到现在的新型陶瓷时代；从冷兵器时代到热兵器时代，再到现代的核热能时代等。例如，随着煤炭大规模利用，推动了钢铁冶炼技术及金属学的发展，也就使人类进入了工业化时代。进入 20 世纪以来，现代科学技术和生产飞跃发展，新材料与新技术更是层出不穷，同时催生了工业产品设计的诞生。让很多新功能、新形式、新色彩的产品展现在我们面前。而连接新材料与新产品之间的工业产品设计起到了至关重要的作用。从 20 世纪 60 年代开始，各种塑料如聚乙烯、聚丙烯等开始被广泛地用于各种产品设计上，如家用产品、办公用品、餐具及各种包装容器。塑料成了当时工业产品设计得最火的材料，以至于 20 世纪 60 年代曾被称为塑料时代。这些都反映出新材料对人类发展进步所起的重要作用。

当前，材料、能源和信息作为现代技术的三大支柱，其中材料排在之首。这是因为能源和信息必须依托材料而存在。因此，材料尤其是新材料在未来发展将格外迅猛。

对于产品设计来说，实质上，材料是产品功能与形态的载体。工业产品设计的过程，就是对材料的认识、理解和组织的过程。因此，对于工业产品设计师来说，了解新材料发展与未来工业产品设计之间的关系，有利于在产品设计中更好地把握和应用新材料，从而设计出适应新时代更多满足人们需求的新产品。

7.2 新材料定义

新材料是指那些新出现或已在发展中的、具有传统材料所不具备的优异性能和特殊功能的材料。新材料与传统材料之间并没有明显的分界，有些新材料在传统材料基础上发展而成，传统材料经过组成、结构、设计和工艺上的改进从而提高其性能或出现新的性能都可发展成为新材料。

新材料产业的发展不仅对电子信息、生物技术、航空航天等新兴高技术产业的发展起着支撑和先导的作用，也推动着诸如机械、能源、化工、轻纺等传统产业的技术改造升级和产品结构的调整，应用范围非常广泛，前景十分广阔。正因如此，对新材料的研究、开发和产业化，在当前及今后相当长的历史时期内，对人类社会发展与进步都将产生重大影响，将成为 21 世纪最重要和最具发展潜力的领域之一。新材料的出现，就工业产品设计而言，将使它大有用武之地。

7.3　新材料技术的发展趋势

1. 从均质材料向复合材料发展

均质材料，即任意部分的各种物理化学性质都基本相等的材料，或理解为"完全出自同一成分"的均质材料。在宏观（微观）上，通过物理或化学的方法，由两种或两种以上不同性质的均质材料向具有新性能的复合材料上发展。

2. 由单一的结构材料为方向向功能材料、多功能材料并重的方向发展

我们通常讲的材料，实际上大多都是指结构材料（以力学性能为基础，以制造受力构件所用材料）。但是随着科学的发展，其他高技术领域要求材料技术为它们提供更多更好的功能材料（通过光、电、磁、热、化学、生化等作用后具有特定功能的材料）。所以现在各种功能材料越来越多，终会有一天功能材料将同结构材料在材料领域平分秋色。

3. 材料结构的尺度向越来越小的方向发展

纳米级的材料，由于颗粒极度细化，使得有些材料的性能发生了截然不同的变化，如性能极脆的陶瓷，居然可以用来制造刀具、发动机零件。

4. 由被动性材料向具有主动性的智能材料方向发展

过去的材料不会对外界环境的影响做出反应，新的智能材料能够感知环境的某些条件变化，进行判断并自动做出各种反应。

5. 通过仿生途径来发展新材料

自然界的生物通过千百万年的进化，在严峻的自然界环境中经过优胜劣汰、适者生存的生存法则而发展到今天，自有其独特之处。通过"师法自然"并揭开其奥秘，会给我们以无穷的启发，为开发新材料又提供了一条广阔的途径。

6. 绿色材料

实现材料与环境的协调性和适应性发展，是实现材料产业的可持续发展的一个重要发展方向。

7.4　新材料分类

同传统材料一样，新材料可以从结构组成、功能和应用领域等多种不同角度对其进行分类，但新材料的结构组成特征复杂，犹如嫁接、杂交品种一样，不同的分类之间相互交叉和重合。目前，按照应用领域和当今的研究热点把新材料分为以下的主要领域：电子信息材料、新能源材料、纳米材料、先进复合材料、先进陶瓷材料、生态环境材料、新型功能材料（含高温超导材料、磁性材料、金刚石薄膜、功能高分子材料等）、生物医用材料、高性能结构材料、智能材料、新型建筑及化工新材料等。现将涉及工业产品的一些新材料介绍如下。

7.4.1　电子信息材料

电子工业是近 20 多年来发展速度最快的产业，它成为一种新型生产力，深入国民经济、文化教育、国防建设等社会生活的各个领域。电子工业的发展水平已成为衡量一个国家经济和国防实力的重要标志。

信息材料及产品支撑着现代电子工业的通信、计算机、信息网络、微机械智能系统、工业自动化、家电、军事装备，甚至是航空航天等现代高新技术产业的发展。其中，微电子材料在未来 10 ~ 15 年仍是最基本的信息材料；光电子材料将成为发展最快和最有前途的信息材料。电子信息材料主要分为以下几大类。

1. 集成电路及半导体材料

以硅材料为主体，新的化合物半导体材料及新一代高温半导体材料也是重要组成部分，也包括高纯化学试剂和特种电子气体。

2. 光电子材料

激光材料、红外探测器材料、液晶显示材料、高亮度发光二极管材料、光纤材料等。

3. 新型电子元器件材料

磁性材料、电子陶瓷材料、压电晶体管材料、信息传感材料和高性能封装材料等。当前的研究热点和技术前沿包括柔性晶体管、光子晶体、SiC、GaN、ZnSe 等宽禁带半导体材料为代表的第三代半导体材料、有机显示材料及各种纳米电子材料等。

随着电子信息材料技术的快速发展，未来通信产品、家电产品、计算机产品、仪器仪表产品、医疗电子设备及器械等电子应用产品发展迅猛，甚至改变我们生活方式的电子产品将会不断地出现。在不久的将来电子信息的无线技术及应用材料突破后，有线与宽带也将迎来终结。电话的技术会被彻底封存起来，就像当年的电报一样。同时，电话号码等词会出现在历史课本里。这一预期将不会遥远。

7.4.2　新能源材料

全球范围内能源消耗在持续增长，当今80%的能源来自化石燃料，从长远来看，需要没有污染和可持续发展的新型能源和再生清洁能源来代替所有化石燃料是必然的趋势。新能源材料是指实现能源的转化和利用，以及发展新能源技术中所要用到的关键材料。新能源材料支撑新能源发展，它是发展新能源的核心基础。新能源和再生清洁能源技术是 21 世纪世界经济发展中最具有决定性影响的 5 个技术领域之一。新能源材料包括太阳能、生物质能、核能、氢能、风能、地热、海洋能等一次能源，以及二次能源中的氢能、热能、电能等所需的支撑能源转化技术的新材料。主要有太阳能电池材料、储氢材料、固体氧化物电池材料等，如图 7-1 和图 7-2 所示。

图 7-1　太阳能路灯　　　　　　　　图 7-2　新能源材料汽车与风能

具体主要包括专用薄膜、聚合物电解液、催化剂和电极、先进光电材料；特制光谱塑料和涂层、碳纳米管、金属氢化物浆料；高温超导材料及轻质、便宜、高效的绝缘材料；轻质、坚固的复合结构材料；超高温合金、陶瓷和复合材料；抗辐射材料、低活性材料；抗腐蚀及抗压力腐蚀裂解材料；机械和抗等离子腐蚀材料等。这些材料对于新能源工业产品如交通工具、照明产品等需能源驱动的产品开发意义重大。

7.4.3 汽车新材料

汽车是重要的工业产品。世界各大汽车公司,甚至非汽车制造企业,像谷歌公司等都竞相研制新能源汽车,如电动与混合动力汽车、代用燃料汽车等。除此之外,近年来为了满足汽车减轻自重、提高舒适性和安全性的要求,新汽车材料的品种和用量都呈现快速增长的趋势。汽车新材料已成为技术要求高、技术含量高、附加值高的三高产品。汽车新材料的需求呈现出以下特点:轻量化与环保是主要需求发展方向;各种新材料在汽车上的应用比例正在提高。

在汽车车身结构材料方面,主要变化趋势是高强度钢和超高强度钢的运用,铝合金、镁合金、塑料和复合材料(如碳纤维车身)的用量将有较大的增长,此外较多地使用结构材料是设计趋向。图7-3所示为日本三菱化学公司设计的一款全电动概念车,该车的车顶采用聚碳酸酯,车身为碳纤维增强材料,前灯为LED车灯,汽车前面板采用有机EL(有机发光的电子板)。据介绍,此款概念车重量只有490kg,能源利用率提高35%,减少二氧化碳排放量可提高45%以上。

图7-3 全电动概念车

汽车各种专用功能材料的开发和应用不断突破。例如,未来将可能使用超强耐高温陶瓷新材料制造的陶瓷发动机代替传统发动机,它可使发动机内部燃烧温度达到1350℃,远远超过传统发动机所能承受的最高温度1000℃。由于是高温燃烧,也就减轻了尘埃和废气等公害的排放。用隔热性能好的陶瓷新材料围住燃烧室进行隔热,这样可把热效率提高40%以上。陶瓷发动机不需要冷却与润滑系统,因而也不需要水泵和散热器等装置。加上陶瓷制品重量比同样强度的金属制品轻,因此,陶瓷发动机的重量比相同功率的传统发动机减少20%,可以实现整个发动机轻量化和小型化。可以预见,汽车新能源与新材料的突破性运用,对整个交通工具产品设计来说将是一场革命。

7.4.4 超导材料

超导材料是指具有在一定的低温条件下呈现出电阻等于零及排斥磁力线性质的材料。现已发现有28种元素和几千种合金和化合物可以成为超导体材料。超导材料与技术是21世纪具有战略意义的高新技术。未来超导材料在信息通信、工业产品、能源产品、交通产品、生物产品、国防乃至航空航天产品等领域都将有颠覆性的应用。

当今,超导材料已经达到实用水平,2015年4月日本东海旅客铁道株式会社(JR东海公司)发表公报称,该公司当天在山梨磁悬浮试验线利用"L0系"超导磁悬浮列车进行了高速运行试验,达到了载人行驶每小时590km的世界最高速度。从东京到名古屋的超导磁悬浮铁路已于2014年动工兴建,其理论时速甚至能超过1000km,如图7-4所示。

相对于低温超导的高温超导机制则被誉为凝聚态物理学前沿研究皇冠上的明珠。被发现20多年来,吸引了各国科学家投身于此领域的研究。我国在高温超导领域也取得重大突破。2008年,我国科学家发现了系列50K以上的铁基高温超导体,并创造出铁基超导体55K的世界纪录并保持至今。为此,赵忠贤院士获得2016年度国家最高科学技术奖。

图7-4 新一代超导列车

7.4.5 智能材料

智能材料是广受瞩目的新兴材料科学门类，经过几十年的发展，已日趋成熟，必将逐渐深入人类生活之中，且越来越多地影响乃至大范围地改变人们的生活方式。智能材料目前还没有统一的定义，也只有较开放性定义。广义上说，智能材料是指具有感知环境（包括内环境和外环境）刺激，对之进行分析、处理、判断，并采取一定措施进行适当相应的智能反应的材料。

1989 年日本的高木俊宜提出了这一概念，智能材料是继天然材料、合成高分子材料、人工设计材料之后的第四代材料，是支撑未来高科技、高技术发展的重要方向之一。它将使传统意义下的功能材料和结构材料之间的界限逐渐消失，实现结构功能化、功能多样化。科学家预言，智能材料的研制和大规模应用将导致材料科学发展的重大革命。

一般来说，智能材料有七大功能，即传感功能、反馈功能、信息识别功能、积累功能、响应功能与自诊断功能、自修复功能和自我适应功能。

智能材料的构想来源于仿生（仿生就是模仿大自然中生物的一些独特功能制造人类使用的工具，如模仿蜻蜓制造飞机等），它的目标就是想研制出一种材料，使它成为具有类似于生物的各种功能的"活"的材料。因此，智能材料必须由基体材料、感知材料、执行材料和信息处理器四部分构成。

1. 智能材料特征

1) 基体材料

基体材料担负着承载的作用，一般宜选用轻质高分子材料。因为其质量轻、耐腐蚀、黏弹性、非线性等特征而成为首选。其次也可选用金属材料，以轻质有色合金为主。

2) 感知材料

感知材料是在智能材料中起着传感的任务，主要作用是感知压力、应力、温度、电磁场、PH 值（酸碱度）等环境的变化。常用感知材料如形状记忆材料、压电材料、光纤材料、磁致伸缩材料、光致变色、电致变色、电流变体、磁流变体和液晶材料等。

3) 执行材料

因为在一定条件下执行材料可产生较大的应变和应力，所以它担负着响应和控制的任务。前面提到的形状记忆材料、压电材料、磁致伸缩材料和电流变体等感知材料也都属于执行材料。可以看出，这些材料既是执行材料又是感知材料，显然起到了身兼二职的作用，这也是智能材料设计时可采用的一种思路。

4) 信息处理器

信息处理器的主要作用是处理传感器输出的信号，是智能材料核心部分。另外，还有一些配合特殊性能的其他功能材料，包括导电材料、磁性材料、光纤和半导体材料等。

也就是说，智能材料必须具备感知、驱动和控制这三个基本要素。但是现有的材料一般比较单一，难以满足智能材料的要求，所以智能材料一般由两种或两种以上的材料复合构成一个智能材料系统。这就使得智能材料的设计、制造、加工和性能结构特征均涉及材料学的最前沿领域。智能材料代表了材料科学的最活跃方面和最先进的发展方向。

变色眼镜即可视为一种具备感知、驱动和控制这三个基本要素的智能材料产品。变色镜的镜片中就含有光致变色智能材料，这种变色镜片是在玻璃原料中加入光色材料制成。此材料具有两种不同的分子或电子结构状态，在可见光区有两种不同的吸收系数，在光的作用下，可从一种结构转变到另一种结构，导致颜色的可逆变化。形成能感知周围的光，并能够对光的强弱进行判断（并做出相应的反应的特性），当光强时，它就变暗，当光弱时，它就会变得透明。依此可以设计出变色玻璃产品，用于头盔、轿车及建筑门窗玻璃来调节环境温度，也避免强光对人眼的伤害，如图 7-5 所示。

如果你搭乘过波音787班机，你可能会注意到，窗口的智能玻璃没有遮光板，取而代之的是一个按钮，你可以根据需要调暗或调亮玻璃。这种玻璃是一种叫作"电致变色智能玻璃"的新材料，大概原理是：在制作这种"玻璃"时，在智能玻璃中添加一层对电磁场比较敏感的材料（你可以理解为是液晶一类的东西）。在给它接上电极时通过改变不同的电压，就能控制这种材料的透明度，如图7-6所示。

图 7-5　变色眼镜

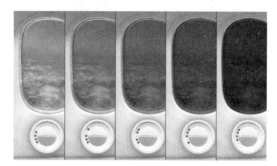

图 7-6　波音 787 班机窗户

2. 智能材料的分类

智能材料可以从不同的角度进行多种分类，主要是按照材料的组成可分为金属系智能材料、无机非金属系智能材料和高分子系智能材料三种类型。

金属系智能材料：主要是指形状记忆合金（SMA），是一类重要执行材料，可用其控制振动和结构变形。这种功能主要是由物体的磁致伸缩现象而产生的，而铽一镝一铁多晶合金是最典型的磁致伸缩材料。最近，稀土功能材料的超磁致伸缩性能，引起了人们广泛关注。

无机非金属系智能材料：主要在压电陶瓷、电致伸缩陶瓷、电（磁）流变体、光致变色和电致变色材料等方面发展较快。

高分子系智能材料：由于是人工合成，品种多、使用范围广，所形成的智能材料也种类繁多，其中主要有形状记忆高分子、智能凝胶、压电高分子、药物控制释放体系、智能膜等。

3. 几种常见的智能材料

1）压电材料

压电材料是一种能够将机械能和电能互相转换拥有感知与执行功能的材料，压电材料主要包括无机压电材料、有机压电材料和压电复合材料三类。居里兄弟在对石英晶体的介电现象和晶体对称性的试验研究中发现了压电效应，压电效应分为正压电效应和逆压电效应两种情况。当机械力作用在其上时，内部正负电荷中心发生相对位移而产生电极化，就是正压电效应。

压电材料的应用如下。

压电材料能够实现电能与机械能相互转化，具有制作简单、成本低、能量转换效率高等优点，因而被广泛应用于热、光、声、电子学等领域。随着压电材料制备技术的发展，压电材料在日常生活、生物工程、军事、光电信息、能源等领域有着更加广泛而重要的应用。在日常生活方面，压电材料的应用相当普遍。例如，电视机、录像机、自动点火煤气灶、雾化加湿器、B超、彩超、超声美容、降脂器、理疗仪等。最常见的一次性打火机，如图7-7所示。

在光电信息方面，压电材料主要可用于声表面波滤波器、光快门、光波导调制器、光显示和光存储等，还可以用在机器人和其他智能结构中，对外界产生的信号进行处理、传输、存储。压电材料也可以适用于高频和中等行程控制，包括各种光跟踪系统、自适应光学系统、机器人微定位器、磁头或喷墨打印器和扬声器等。在军事方面，压电陶瓷制成的声呐系统能在水中发声、接收声波，也可用于水下、地球物理探测，以及声波测试、夜视装置、红外探测器等方面。此外，还可以利用压电陶瓷的智能功能控制飞机、潜艇的噪声。

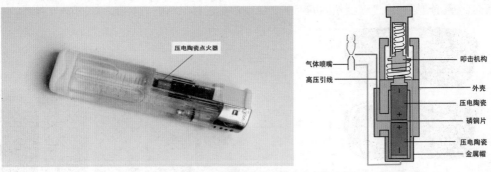

图 7-7　一次性压电陶瓷打火机及点火器示意图

在生物医学领域，生物压电陶瓷主要用于实现生物仿生。例如，聚偏氟乙烯 (PVDF) 薄膜可用在人体和动物器官的超声成像测量中，还可用来模拟人体皮肤。

压电材料经过多年发展，目前其总的趋势为功能结构复合化、功能个性化、性能极限化、体积微型化等。

2) 形状记忆合金

形状记忆合金是自执行智能材料的一种。20 世纪 60 年代，美国海军军械研究所在研究中发现了镍钛 (Ni-Ti) 合金具有"形状记忆效应"，并以此为基础研究了形状记忆合金。因其被加热至奥氏体温度时，可自行恢复到原形状，利用这一特性可以制成理想驱动器。其通常以细丝状态用于智能结构，主要适合于低能量要求的低频和高撞击应用。目前形状记忆材料已经形成了相对较大的一个门类，主要分为形状记忆合金、形状记忆陶瓷、形状记忆聚合物。

形状记忆合金的应用如下。

形状记忆合金应用广泛，包括机械工程、医疗器械、航空航天工业、工程建筑等，以及日常生活中的产品。甚至是现代机器人，尤其是现代机器人的夹持器的材料设计。

形状记忆合金常用作力敏、热敏驱动元件和阻尼元件，如形状记忆合金紧固件、温度调节器、金属封隔器、航天器分离机构上的驱动器、紧固铆钉等。

形状记忆合金在驱动领域的应用最显著的特点是几乎没有驱动能量的消耗。在医疗器械领域，形状记忆合金广泛应用在制造骨骼、心脏修补器、伤骨固定加压器、栓塞器、各类腔内支架、血栓过滤器、牙科正畸器、手术缝合线和介入导丝等。其中，镍钛形状记忆合金成为记忆合金产业的首选材料。在航空航天工业领域，形状记忆合金的应用包括飞机的液压系统中的低温配合连接件、直升机的智能水平旋翼等。例如，卫星与航天器的太阳能翻板将电池展开，一般都是靠记忆金属材料来实现的。当阳光辐照温度达到某温度时，太阳能翻板会按本来设定的形状自己主动伸展开，进行发电，如图 7-8 所示。

在工程建筑行业，形状记忆合金可以用于隔声材料及探测地震损害控制，还可以利用形状记忆合金的超弹性效应及其恢复力大、变形较小的特点来制作具有自修

图 7-8　卫星的太阳能翻板电池

复功能的建筑结构，如将预拉伸的形状记忆合金丝埋入混凝土结构中，使其发生形变后能够具有初步自修复的功能。日常生活中利用记忆合金推出了不少新颖别致的商品，如眼镜架、汽车的外壳等。

3) 电流变液

电流变液也是自执行智能材料的一种，是与磁流变体性能极为相似的混合物。这种材料在常态下是

流体,其中自由分布着许多细小可极化悬浮颗粒,当这种流体处于电场或磁场中,在电场或磁场的作用下,其中的悬浮颗粒很快形成链状,从而形成具有一定屈服强度的半固体,这样的电流变体或磁流变体呈现出响应快、阻尼力大、功耗小的自执行智能等优点。

电流变液的应用如下。

由于电流变液的流变性能可由外加电场控制,而且响应速度很快。其良好的调控特性可以大大简化机械结构,提高系统的控制性能,降低成本,完成一些传统机械结构很难实现的功能。同时与计算机结合,可实现实时监控。根据电流变液技术原理,可以设计出全新的汽车传动系统结构,即汽车转向系统、汽车的减震装置、制动装置等。与传统的汽车机械结构产品相比,具有设计简化、应用简便、灵敏度高、噪声小、寿命长、成本低、易于实现电脑控制的特点。电流变液技术在汽车传动系统的重大创新将引发一场汽车技术革命。

电流变液在机械工程、生产自动化、武器控制、机器人工程、噪声防治、汽车工程、船舶工程、液压工程、农业机械、体育用品和体育机械、航空航天控制等领域,甚至是生活产品中也将得到广泛应用。

总之,随着新材料科学的发展,智能材料在工业产品设计领域将会扮演一个非常重要的角色。在以往的机械工程里,经常会有一些复杂的结构需要去设计完成,如零件伸展,而现在一个记忆合金智能材料就可能完成这些要求。在以往的控制领域需要设计一套控制系统去完成某项控制要求,而现在可以运用能感知外界环境并能完成属性变化的智能材料完成要求,而且会无差错地完成。未来在工业产品设计和新材料学科的结合下,将会产生更完美的生活产品。

7.4.6 稀土材料

稀土元素氧化物是指元素周期表中原子序数为 57 ～ 71 的 15 种镧系元素氧化物,以及与镧系元素化学性质相似的钪 (Sc) 和钇 (Y) 共 17 种元素的氧化物。随着科技的进步和应用技术的不断突破,稀土氧化物的价值将越来越大。利用稀土元素优异的磁、光、电等特性开发出的一系列不可取代的、性能优越的新材料,被广泛应用于冶金机械产品、石油化工产品、轻工农业产品、电子信息产品、能源环保产品、国防军工产品等多个领域,是当今世界各国改造传统产业,发展高新技术和国防尖端技术不可缺少的战略物资,而我国是世界稀土资源储量最大的国家。

稀土材料包括:广泛应用于电机、电声、医疗设备、磁悬浮列车及军事工业产品等高技术领域的稀土永磁材料;主要用于动力电池和燃料电池产品及用于节能环保光源的新型高效稀土发光材料贮氢合金等,如图 7-9 和图 7-10 所示。稀土材料还包括稀土催化材料,其发展重点是替代贵金属,降低催化剂的成本,提高抗中毒性能和稳定性能的材料。此外,稀土在其他新材料中的应用:如精密陶瓷,光学玻璃,高清晰度、数字化彩色电视机,计算机显示器。稀土刻蚀剂、稀土无机颜料等方面的应用也正在以较高的速度增长,如稀土电子陶瓷、稀土无机颜料等。

图 7-9 稀土超长余辉蓄光发光材料制作的标牌

图 7-10 稀土材料园林路灯

7.4.7　生态环境材料

生态环境材料是指那些具有良好的使用性能，更具有优良的环境协调性能、相适性能的材料。其优良的环境协调性能是指资源、能源消耗少，环境污染小，或称为环境友好材料或绿色材料。相适性能是指具有最小的环境负担和最大的再生利用能力的材料。这类材料的特点是消耗的资源和能源少，对生态和环境无污染或少污染，容易回收利用。其中包括易于自然降解，便于回归自然的废弃材料。生态环境材料的制造和使用支撑着人类社会的可持续发展。

生态环境材料是要求人类主动考虑其材料对生态环境的影响而开发的材料，是充分考虑人类、社会、自然三者相互关系的前提下提出的新概念，这一概念符合人与自然和谐发展的基本要求，是材料产业可持续发展的必由之路。

环境材料的研究内容主要包括材料的设计及开发技术、材料的环境协调性和材料的环境协调性评估技术研究。根据材料的用途可分成建筑材料、工业制造材料、农业材料、林业材料、渔业材料、能源材料、抗辐射材料、生物材料及医用材料等。根据环境材料的功能可以分为环境相容材料：如纯天然材料（木材、石材等）；仿生物材料（人工骨、人工脏器等）；绿色包装材料（绿色包装袋、包装容器）；生态建材（无毒装饰材料等）；环境降解材料（生物降解塑料等）；环境工程材料：如环境修复材料、环境净化材料（分子筛、离子筛材料）、环境替代材料（无磷洗衣粉助剂）等。

从生态观点看，天然材料开发与加工的能耗低，可再生循环利用，易于处理。对天然材料进行高附加值开发，所得材料具有先进的环境协调性能并具有优良的使用性能。我们可以将热塑性塑料如聚乙烯等和木材纤维木屑等共混，使其具有生物降解性。利用传统的注塑成型法得到的多孔性木材，能充分利用废弃的塑料和木屑，设计与制成各种工业产品，前景非常广阔。

7.4.8　工业制造材料

超高性能、超长寿命材料的研制与开发，有效降低了传统材料的负荷，大大提高了材料的相对寿命比，从总体来看也是降低材料环境负担性的一个有效途径。例如，产品设计中最普通使用的材料——不锈钢。自100年前被偶然发明以来，它的耐氧化、耐腐蚀等特性，代替普通碳钢成就了不锈钢时代，甚至代替了玻璃，用于真空保温水壶、水杯内胆设计。由于耐用、使用寿命长，除巨大的经济效益外，最大的社会收益是废弃量的减少，节约了资源，保护了环境。

另外，研发适用于少切削或不切削成型工艺的材料，是节约资源和能源的好方法。工程塑料、纤维增强聚合物及液态金属是可直接用于成型工艺，低耗能的、废物减量化的、绿色的成型材料。如用纤维增强树脂和镁合金制造汽车零部件，可以减轻汽车重量，达到节能的目的。再如，塑料材料的出现，我们利用塑料的热塑性和热固性特征，代替了铁、铝、银、玻璃等传统材料，设计生产出大量塑料工业产品，在我们周围从大型机械到日用生活用品比比皆是，这也成就了塑料时代的到来。在这个新材料层出不穷的年代，我们相信在未来每一项新的工业制造材料都会在产品中普遍采用，都会产生巨大的经济收益，同时也一定会在降低材料的环境负担性方面带来巨大的社会效益。这是新材料在产品设计中采用的一个硬性指标。

7.4.9　环境工程材料

人们的生活与生产活动产生了大量的废弃物，消耗了大量的地球资源，严重地破坏了人类赖以生存的地球环境，使我们触目惊心，如图7-11所示的废弃物垃圾。环境工程材料是指防止或治理长期积累下来的环境污染问题所用的一些材料，对环境进行修复、净化或替代处理，逐渐平衡地球的生态环境，使自然生态、社会经济可持续发展。如环境修复材料（固沙植被材料）；环境净化材料（分子筛、离子筛、水净化材料、海水油污吸收材料）；环境替代材料（无磷洗衣粉助剂、破坏大气臭氧层的氟利昂替代材料、清洁能源材料）；无污染、节能、可循环使用的材料（橡胶、塑料、铁丝、铜线、玻璃、纸张、木材制品等）。

为了可持续发展，材料资源必须能够循环使用，废弃物量应小于大自然自身的净化能力，发展绿色材料势在必行。从资源状况和利用效率来看，废物回收利用不只是解决污染问题，对占用大量土地资源及缓解资源匮乏的压力有着重要的作用。综合利用工业固体废弃物（如钢渣、废钢铁、废玻璃、废塑料、废橡胶轮胎、废纸等）及近些年来快速升级换代而大量淘汰的手机、计算机、电视机等中的贵金属、不可降解塑料的回收再利用，一直是研究的重点。现在，在许多产品设计专业院校，都开设了回收产品再设计课程，目的之一就是让学生在学习期间就要对环境问题提高重视。图 7-12 所示为酒瓶灯具。

图 7-11 废弃物垃圾　　　　　　　　　　　　图 7-12 废弃物酒瓶灯具

将建材工业和废物利用结合起来将是一个很好的解决途径，如在水泥混凝土中加入粉煤灰、矿渣和硅灰，利用炉渣、粉媒灰等为主要材料制作新型墙体材料、人行便道砖等，最高限度地利用废材，达到最小环境危害。近年来，国内外已研究开发出一些符合"绿色化"特性的重要建材产品，如无毒害涂料、抗菌涂料、抗菌陶瓷、光敏变色玻璃、绿色地板材料、石膏装饰材料、净化空气的预制板等。随着人们环境意识的逐渐提高，也必然会加深对绿色材料的认识，从而加快绿色材料的发展。在水泥中加入碎砖石、炉渣、粉煤灰、矿渣可设计出充满变化的不同颜色、纹理与质感的各种产品。图 7-13 所示为水泥灯具。

农产品废料具有更深的再开发功能。许多农产品废料含有丰富的半纤维素（25%～50%）、木质素（30%～50%）、纤维素（30%～50%）。合理利用这些废料，不仅显著降低环境污染，而且可建立基于农产品的工业，如生产木糖、木糖醇、纸浆，生产木质产品的人造纤维板、刨花板材等，用于产品设计，从而提高农产品废物的高附加值。

综上所述，生态环境材料的研究已经深入工农业的各个领域。在资源和能源的有效利用、减少环境负荷上，实现材料与环境的协调性和适应性，环境工程材料具有很大的优点，是实现材料产业的可持续发展的一个重要发展方向。环境工程材料将不再只是一个话题，而制造和使用环境工程材料必将变成人类的自觉行动。

随着可持续发展观念越来越受到重视，环境工程材料与资源材料的循环使用方法、研究、使用不断深入，新的生态环境材料不断出现，也为工业产品设计增加了新的概念与内涵，赋予了新的使命。

图 7-13 水泥灯具

7.5 新材料介绍

7.5.1 碳纤维复合材料

复合材料以其优良的性能和先进的成型工艺，已在广阔的领域中占据着不可替代的作用。随着科学技术的飞速发展，如何进一步提高复合材料的强度一直是人们努力探索的问题。使用纤维材料作为增强体是最常见、最典型的。自从玻璃纤维与有机树脂复合的玻璃钢问世以来，碳纤维、陶瓷纤维及硼纤维增强的复合材料相继研制成功，性能不断得到改进，尤其是碳纤维复合材料工艺日趋成熟，使复合材料领域呈现出一派勃勃生机。

碳纤维主要是由碳元素组成的一种特种纤维，其含碳量随种类不同而异，一般在 90% 以上。在热处理过程中不熔融的人造化学纤维，经热稳定氧化处理、碳化处理及石墨化等工艺制成的。碳纤维具有一般碳素材料的特性，如耐高温、耐摩擦、耐腐蚀、导电、导热等。但与一般碳素材料不同的是，其外形有显著的各向异性、柔软，可加工成各种织物。沿纤维轴方向表现出很高的强度。碳纤维比重小，因此有很高的比强度（强度—重量之比）。

用碳纤维或其织物做增强体材料可以与树脂、金属、陶瓷等基体复合。例如，碳纤维增强环氧树脂复合材料，其比强度等综合指标，在现有结构材料中是最高的。在强度、刚度、重量、疲劳特性等有严格要求的产品领域，在要求高温、化学稳定性高的场合，碳纤维复合材料都颇具优势。

碳纤维是 20 世纪 50 年代初应火箭、宇航及航空等尖端科学技术的需要而产生的。由碳纤维和环氧树脂结合而成的复合材料，由于其比重小、韧性强、刚性好和强度高而成为一种先进的航空航天材料。因为航天飞行器的重量每减少 1kg，即可使运载火箭减轻 500kg。所以，在航空航天工业中争相采用先进复合材料。同样，现今在军用方面：飞机、火箭、导弹、人造卫星、舰艇、坦克、常规武器装备等，都已采用纤维增强复合材料。重量的减轻也可以节省油耗，提高速度。

研究纤维增强复合材料是当前国际上极为重视的科学技术问题。随着其技术日臻成熟、价格越来越能被接受。这项材料已经逐渐开始应用于民用产品，如交通工具、体育器械、纺织、化工机械及医学等领域。

随着尖端技术对新材料技术性能的要求日益苛刻，促使科技工作者不断努力研究，碳纤维的性能也不断完善和提高，高性能及超高性能的碳纤维相继出现。这在技术上是又一次飞跃，同时也标志着碳纤维的研究和生产已进入一个高级阶段，最终将进入人们的日常生活产品领域。图 7-14 所示为碳纤维复合材料车身。

图 7-14 碳纤维复合材料车身

7.5.2 纳米材料

纳米材料的纳米是材料几何尺寸的长度度量单位,是米的十亿分之一,简写为 nm。纳米材料是指由尺寸小于 100nm(1 ~ 100nm) 的超细微颗粒构成的,这也就是相当于 10 ~ 100 个原子紧密排列在一起的尺度构成的材料。具有小尺寸效应、表面效应或量子效应所出现的奇异现象而发展出来的材料的总称。可以用将一粒纳米材料放在乒乓球上,如同将一个乒乓球放在地球上的比例一样,来形容纳米材料的大小。

1. 纳米材料特性

纳米材料的技术形成于 20 世纪 80 年代末期,并迅速发展和渗透到各学科领域,形成一门崭新的高科技产业。由于纳米粉体具有晶粒小、表面曲率大或表面积大的特征,纳米材料从根本上改变了材料的结构。所以它与常规材料相比会表现出特异的光、电、磁、热、力、机械等方面性能。在纳米的世界里,物质的性能发生了神奇的变化,如导电性能良好的铜在纳米级就不导电了;而绝缘的二氧化硅在纳米级就开始导电了;二氧化硅陶瓷在通常情况下是很脆的,但当二氧化硅陶瓷颗粒缩小到纳米级时,脆性的陶瓷竟然具有了韧性,甚至可以制成锋利的刀具,如图 7-15 所示。

图 7-15　纳米陶瓷刀具

2. 纳米材料的应用

纳米技术可使许多传统产品“旧貌换新颜”,把纳米颗粒或者纳米材料添加到传统材料中,可改进或获得一系列新的功能。这种改进并不见得昂贵,但却使产品更具市场竞争力。

在化纤纺织品中添加纳米微粒,可以除味杀菌、不沾油污、不沾水、可免洗涤;可以摆脱因摩擦而引起烦人的静电现象;可以合成导电性的纤维,从而制成防电磁辐射的纤维制品或电热纤维;也可与橡胶、塑料、玻璃和瓷砖合成导电复合体、无菌餐具、无菌扑克牌等产品。有些产品已经面世,大气和太阳光中存在对人体有害的紫外线,而有的纳米微粒就有吸收对人体有害的紫外线的特征和性能,如将纳米 TiO_2 粉体按一定比例加入化妆品中,则可以有效地遮蔽紫外线。

纳米材料具有特殊的光学性质。事实上,所有的金属在超微颗纳米粒状态下都呈现为黑色。黄金白银在超微颗粒状态下都变成黑色。尺寸越小,颜色越黑。由此可见,金属超微颗粒对光的反射率很低,通常可低于 1%,大约几微米的厚度就能完全消光。利用这个特性可以作为光热、光电等转换材料,可以高效率地将太阳能转变为热能、电能。此外又有可能应用于红外敏感元件、红外隐身技术等。

利用纳米材料的光学性能已经成功地合成出高性能纳米系列复合颜料,这种颜料色彩艳丽、保色持久，且极易分散，已得到纳米微粒生产颜料的专利。氧化物纳米颗粒最大的本领是在电场作用下或在光的照射下迅速改变颜色，做成士兵防护激光枪的眼镜和广告板，在电、光的作用下，颜色会变得更加绚丽多彩。

彩电等家电一般都是黑色，被称为黑色家电，这是因材料中需加入碳黑进行静电屏蔽。而利用纳米技术，人们已研制出可屏蔽静电的纳米涂料。通过控制纳米微粒的种类，人们可进而控制涂料颜色，黑色家电将变成彩色家电。

金属铝中加入少量的陶瓷超微颗粒，可制成重量轻、强度高、韧性好、耐热性强的新型结构材料，广泛用于产品的结构设计中。也可采用纳米材料技术对机械关键零部件进行金属表面纳米粉涂层处理，可以提高机械产品设备的耐磨性、强度和延长使用寿命。

另外，固态物质在一般情况下，其熔点是固定的。超细微化后却发现其熔点将显著降低。当颗粒小于 10nm 量级时尤为显著。例如，金的常规熔点为 1064℃，当颗粒尺寸减小到 10nm 尺寸时，则降低了 27℃，减小到 2nm 尺寸时的熔点仅为 327℃左右。银的常规熔点为 670℃，而超微银颗粒的熔点可低于 100℃。像这种技术都有待于开发利用。

3. 纳米材料物理形态分类

按物理形态分，纳米材料大致可分为纳米粉末、纳米纤维、纳米膜、纳米块体和纳米液体五类。未来预期纳米材料将在信息、通信、微电子、环境、医药、航空航天、军事及工业产品等各个领域获得广泛应用。下面将介绍一种因发明它而获得 2010 年诺贝尔物理学奖的石墨烯纳米膜材料。

实际上，石墨烯本来就存在于自然界，只是难以剥离出单层结构。石墨烯一层层叠起来就是石墨。厚1mm 的石墨大约包含 300 万层石墨烯。铅笔在纸上轻轻划过，留下的痕迹就可能是几层甚至仅仅一层石墨烯。2004 年，英国曼彻斯特大学的两位科学家安德烈·杰姆和克斯特亚·诺沃消洛夫发现，他们能用一种非常简单的方法得到越来越薄的石墨薄片。他们从高定向热解石墨中剥离出石墨片，然后将薄片的两面粘在一种特殊的胶带上，撕开胶带，就能把石墨片一分为二。不断地这样操作，于是薄片越来越薄，成功地从石墨中分离出石墨烯，证实它可以单独存在，两人也因此共同获得 2010 年诺贝尔物理学奖。仅仅经过几年的时间，作为基础材料的石墨烯前景被看好。人们发现，石墨烯这种超级纳米膜材料应用领域非常广阔。一系列的研究成果为石墨烯在新材料、新技术、新产品、新能源等行业的应用铺平了道路。产业化应用步伐正在加快，将石墨烯带入工业化生产的时刻已经到来，相信大规模商用指日可待，如图 7-16 所示。

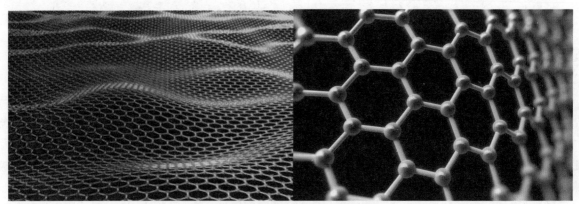

图 7-16　石墨烯结构示意图

1) 机械特性

石墨烯是由碳原子组成的只有一层原子厚度的膜，是目前已知最薄的二维晶体材料，是人类已知强度最高的物质，比钻石还坚硬。也是最强韧的材料，断裂强度比最好的钢材还要高 200 倍。同时，它又有很好的弹性材料，拉伸幅度能达到自身尺寸的 20%。如果用石墨烯制成包装袋，那么它将能承受大约两吨重的物品。据称，这种新材料能够支撑起相当于其自身重量 40 万倍的物体。这种特性意味着其可以用在防弹衣的内部和坦克的表面作为缓冲垫，以吸收来自射弹（如子弹、炮弹、火箭弹等）的冲击力。

石墨烯目前最有潜力的应用是成为硅的替代品，制造超微型晶体管，用来生产未来的超级计算机，计算机处理器的运行速度将会增快百倍。

另外，石墨烯几乎是完全透明的，只吸收 2.3% 的光。它又非常致密，即使是最小的气体原子（氦原子）也无法穿透。这些特征使得它非常适合作为透明电子产品的原料，如透明的触摸显示屏、发光板和太阳能电池板。由多层石墨烯等材料组成的透明可弯曲显示屏幕在未来的市场广阔，将成为未来移动设备显示屏幕的发展趋势不容小觑，如图 7-17 所示。

图 7-17　石墨烯可弯曲手机

在此基础上可以研制出各种薄、轻、拉伸性好和超强韧性的新型材料，将在航空、航天、军工等领域，如超轻型飞机材料等潜在应用上发挥更重要的作用。

2) 导热性

石墨烯具有极高导热系数，已经被提倡用于散热产品等方面，在散热片中嵌入石墨烯或数层石墨烯可使得其局部热点温度大幅下降；加入千分之一的石墨烯，能使塑料的抗热性能提高 30℃。优异的导热性能使得石墨烯有望作为未来超大规模纳米集成电路的散热材料。

3) 导电性

石墨烯也是已知世界上导电性最好的材料。石墨烯结构非常稳定，因为只有一层原子，电子的运动被限制在一个平面上，石墨烯中各碳原子之间的连接非常柔韧，当施加外部机械力时，碳原子面就弯曲变形，从而使碳原子不必重新排列来适应外力，也就保持了结构稳定。这种稳定的晶格结构使碳原子具有优秀的导电性。石墨烯中的电子在轨道中移动时，不会因晶格缺陷或引入外来原子而发生散射。由于原子间作用力十分强，在常温下，即使周围碳原子发生挤撞，石墨烯中电子受到的干扰也非常小。这就是石墨烯全新的电学属性。这种特性使在其中电子的运动速度达到光速的 1/300，远远超过了电子在一般导体中的运动速度，同时很大程度上减少了电损耗。

石墨烯材料最新研制出一款调制器，科学家表示，这个只有头发丝 1/400 细的光学调制器具备的高速信号传输能力，有望将互联网速度提高一万倍，一秒内下载一部高清电影指日可待。

4) 低成本石墨烯电池

石墨烯最早使用的一大重要领域是表面附有石墨烯纳米涂层的柔性光伏电池板，可极大降低制造透明可变形太阳能电池的成本。

世界首款石墨烯新能源基锂离子电池产品近期已经面世。这种电池有可能在夜视镜、照相机、手机上等小型数码设备中应用。专家认为，该产品的研发成功，彻底打开了石墨烯在电子锂电池、动力锂电池及储能领域锂电池的应用空间，如图 7-18 所示。号称要"开辟能源存储新纪元"，就是利用锂离子可在石墨烯表面和电极之间快速大量穿梭运动的特性，开发出一种新型储能设备，可以将充电时间从过去的数小时之久缩短到不到 1 分钟。石墨烯超级电池 10 分钟可充满 6000mAh，未来将解决新能源汽车电池的容量不足及充电时间长的问题，极大加速了新能源电池产业的发展。

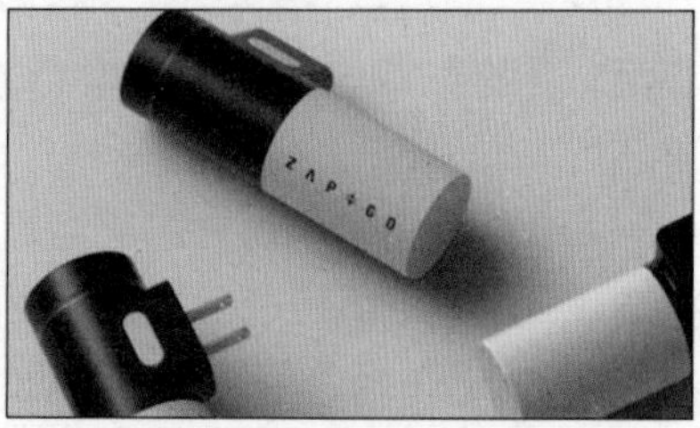

图 7-18　石墨烯手机充电器

　　2015 年 5 月 18 日，国家金融信息中心指数研究院在江苏省常州市发布了全球首个石墨烯指数。指数评价结果显示，全球石墨烯产业综合发展实力排名前三位的国家分别是美国、日本和中国。说明我国石墨烯产业综合发展实力已达到国际水平，为未来中国高端产品制造业的发展奠定了基础。这对于中国的工业产品设计也是幸事。

　　科学家甚至预言石墨烯将"彻底改变 21 世纪"。极有可能掀起一场席卷全球的颠覆性的新技术、新产业革命，对 21 世纪的经济和社会发展产生重大而深远影响。科学家还为我们勾勒了一张蓝图：纳米电子学将使量子元件代替微电子器件，巨型计算机就能装入口袋里。世界上还将出现 1μm 以下的机器产品甚至机器人等。

7.6　3D 打印材料

　　3D 打印技术是 20 世纪 90 年代中期发展起来的一项先进工业产品制造技术，被誉为"第三次工业革命"的核心技术。3D 打印技术自问世以来，对促进产品设计创新、缩短新产品开发周期、提高产品竞争力有巨大的推动作用。现已成为产品设计、开发、生产制造的一项新兴的、关键性技术领域，并得到了广泛应用。

7.6.1　3D 打印概述

　　从产品成型方式来看，主要有四种：减材成型制造、受压成型制造、增材成型制造和生长成型制造。3D 打印为"增材成型制造"，跟大多数传统制造技术的"减材成型制造"，即运用分离技术把多余的材料有序地从基体上剔除出去，如车、铣、磨、钻、刨、电火花和激光切割成型的方法正好相反。3D 打印是快速成型 (Rapid Prototyping，RP) 技术的一种，它是一种以数字模型文件为基础，运用一些可熔、可黏合的打印材料，通过固化逐层打印的方式来构造产品或零部件的制造技术。它与普通打印工作原理基本相同，不同的是用逐层打印的方式来制造成型，甚至直接打印制造出产品。

　　如今 3D 打印技术发展迅速，已日臻成熟，由于 3D 打印制造技术完全颠覆了传统工业产品制造的方式、工艺和方法，让我们能得到前所未有的各类全新的、结构复杂的、全新功能的各类工业产品，但打印材料是打印技术不可或缺的关键物质基础。3D 打印技术真正的优势在于其打印材料，这是 3D 打印突破创新的关键点和难点所在，成为限制 3D 打印发展的主要瓶颈。只有进行更多新材料的研究、开发与利用才能拓展 3D 打印技术的应用领域。目前，世界各国包括中国在内都在竞相研究能用于 3D 技术的打印材料。

　　3D 打印已经成功应用于节能环保、新兴信息产业、生物产业、新能源、新能源汽车、高端装备制造业、航空航天等诸多新兴行业，也为许多传统制造业注入了新的生命力和创造力。图 7-19 所示为 3D 打印汽车。同时也为方兴未艾的产品设计开辟了新的途径与巨大的设计空间，从而能实现：

1. 快速原型制造

3D 打印可快速、直观地获得所设计零部件或产品的功能性、审美性原型，并对零部件或产品及时进行评价、测试、修正、再设计。

2. 小批量产品制造加工

在制造业领域，经常遇到小批量零部件或产品生产，例如短缺的配件，像这类零部件或产品加工周期长，成本高，采用 3D 打印可经济地实现小批量制造。并使个性化个人定制设计与生产，即 DIY 设计成为可能。

图 7-19　3D 打印汽车

3. 特殊零件的制造加工

对于某些形状、结构复杂的零件，甚至无法用任何加工工艺制造。3D 打印能打印出形状、结构极其复杂与特殊的零部件与产品。

4. 实现快速模具制造

3D 打印制造的零件可直接作为高精度形状复杂的模型与模具使用。

7.6.2　3D 打印材料分类

目前，3D 打印材料主要包括聚合物材料、复合材料、金属材料、非金属及陶瓷材料等。按性能、状态及成型方式不同有很多分类方法。

1. 按材料的物理状态分类

按材料的物理状态可以分为液体材料、薄片材料、粉末材料、丝状材料等。

2. 按材料的化学性能分类

按材料的化学性能可分为树脂类材料、石蜡材料、金属材料、陶瓷及其复合材料等。

3. 按材料成型方法分类

1) SLA 工艺成型材料 (Stereo Lithography Appearance)

SLA 工艺成型材料又称为光固化立体造型材料，即利用液体光敏树脂复合材料，按数据有选择性地经过紫外光照射，快速固化为固体的方法来成型的液体光敏树脂复合材料。技术原理是计算机控制激光束对光敏树脂为原料的表面进行逐点扫描，被扫描区域的树脂薄层（约十分之几毫米）产生光聚合反应而固化，形成零件的一个薄层。工作台下移一个层厚度的距离，以便固化好的树脂表面再敷上一层新的液态树脂，进行下一层的扫描加工，如此反复，直到整个原型制造完毕。

2) LOM 工艺成型材料 (Laminated Object Manufacturing)

LOM 工艺成型材料又称为选择性激光烧结材料，这是以固态片状材料，在层叠中加涂热熔黏合剂，如纸张、陶瓷箔、金属铂、塑料箔等，经过热压、按数据有选择性地，经过激光切割截面轮廓来成型的固态片状材料。

3) SLS 工艺成型材料 (Selective Laser Sintering)

SLS 工艺成型材料是指用固态状粉末，按数据有选择性地，经过激光分层烧结使粉末熔融固化，并使烧结成型的固化层，层层叠加来成型的固态状粉末材料。固态状粉末材料分为非金属（蜡粉、塑料粉、覆膜陶瓷粉、覆膜砂等）及各种覆膜金属粉粉末材料。图 7-20 所示为蜡粉末。

4) FDM 工艺成型材料 (Fused Deposition Modeling)

FDM 工艺成型材料又称为熔融沉积造型材料，指利用固态丝线状材料，在喷头内被加热熔化。喷头按数据有选择性地，沿零件截面轮廓和填充轨迹运动，同时将熔化的固态丝线材料挤出，材料迅速凝固，并与周围的材料凝结，经过熔融后逐层打印成型的材料。熔丝线材一般是热塑性材料，如蜡、ABS、尼龙等，如图 7-21 和图 7-22 所示。现在已研制出激光照射温度高达 1000℃的金属丝线 3D 打印熔融沉积技术与金属丝线材料，能够直接打印出纯金属零部件与产品。

图 7-20   蜡粉末

5) 3DP 工艺成型材料 (Three-Dimensional Printing)

3DP 工艺成型材料与 SLS 工艺成型材料类似，都采用固态粉末材料成型，如非金属粉末、金属粉末。所不同的是材料粉末不是通过烧结连接起来的，而是通过喷头用黏合剂（如硅胶、树脂等）将材料粉末层层"印刷"在产品的截面上的材料，并可打印成彩色产品。

图 7-21   固态丝线状材料

图 7-22   3D 打印笔绘制的产品

7.6.3 3D 打印常用材料

3D 打印材料是 3D 打印技术发展的重要物质基础，在某种程度上，材料的发展决定着 3D 打印技术的发展。目前，3D 打印品种材料繁多，新品种不断出现。拘于篇幅只对几种常用与特殊性材料加以介绍。

1. 光敏树脂

光敏树脂又称为光固化树脂，是一种受紫外光照射后，能在较短的时间内迅速发生物理和化学变化，进而交联固化的低聚物，是目前世界上研究最深入、技术最成熟、应用最广泛的一种 SLA 成型方法的材料，使得液态光敏树脂成为 3D 打印耗材用于高精度制品打印的首选材料。其黏度低，利于成型树脂较快流平，便于快速成型。固化速度快，成型后产品外观平滑，固化件杂质少，变形收缩小，可呈现透明或半透明磨砂状态。具有一定的抗压强度，还具有气味低、毒性小、刺激性成分低等特征。树脂中加入纳米陶瓷粉末、短纤维进行增强改性后，可改变材料强度、耐热性能等。从小件珠宝首饰饰品，到手板模型制作、个性化即个人定制 DIY 产品设计等，其用途非常广泛。未来我们可以足不出户就能得到心仪的工业产品。图 7-23 所示为光敏树脂材料的自行车车架。

2. 工程塑料

工程塑料是当前应用广泛的一类 3D 打印材料，常见的有丙烯腈 – 丁二烯 – 苯乙烯共聚物 (ABS)、

聚碳酸酯 (PC)、聚酰胺 (PA)、聚苯砜 (PPSF)、环氧树脂 (EP)、聚醚醚酮 (PEEK) 等。

1) 丙烯腈 - 丁二烯 - 苯乙烯共聚物 (ABS) 材料

该材料具有良好的热熔性、黏结性，其冲击强度高。将该材料预制成丝，是熔融沉积成型 3D 打印工艺的首选工程塑料，也可粉末化后成型使用。应用范围几乎能涵盖所有日用品、家电、汽车、电子消费产品及工程和机械产品中。甚至可以增强改性，用于高性能产品，如潜艇、武器装备、机器人及航空航天产品的飞机、卫星、空间站等零部件。ABS 材料还可根据产品需要选择各种颜色，如图 7-24 所示。

图 7-23　3D 打印的光敏树脂材料的自行车车架

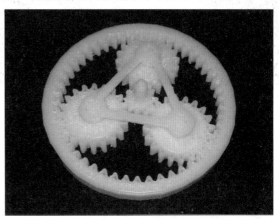

图 7-24　ABS 材料打印的齿轮零件

2) 聚碳酸酯 (PC) 材料

该材料强度比 ABS 材料还要高 60%，算得上是一种真正的热塑性材料，具有更高的强度、耐高温、抗冲击、抗弯曲等特点。不仅可以作为结构，也可以作为工程材料，用于 3D 打印材料制造产品。在汽车、电子、电器、照明、安全防护、航空航天产品中将得到广泛应用，甚至增强改性后在超强工程产品中应用，如用于防弹玻璃、树脂镜片、车头灯罩、宇航员头盔面罩、智能手机的机身、工业机械零件与齿轮等异型构件与产品，如图 7-25 所示。

图 7-25　聚碳酸酯材料水杯

3) 聚酰胺 PA(尼龙) 材料

该材料具有良好的综合性能，包括力学性能、耐热性、耐磨损性，有一定的阻燃性，并具备一定的柔韧性。用玻璃纤维、碳纤维复合塑料树脂增强改性，能提高其性能和扩大应用范围。使用基于该材料的工程塑料进行 3D 打印，可以直接获得强度高、柔韧好、重量轻的零部件与产品。仅以汽车制造为例，可用于发动机周边零件，如发动机汽缸盖罩、散热器水缸、平衡旋转轴齿轮等。也可用在汽车的电器配件、接线柱、门把手套件、制动踏板及制作摩托车驾驶员的头盔等，这些都是强度要求高、结构非常复杂的零部件。用 3D 打印以该材料代替传统的金属材料，解决了汽车轻量化问题，同时增强了强度，简化了工艺，降低了成本，如图 7-26 所示。

4) 聚苯砜 (PPSF) 材料

该材料俗称聚纤维酯，可用在所有 FDM 成型中，是热塑性材料里面机械强度最高、耐热性最好、抗腐蚀性最强、性能非常稳定的 3D 打印材料。在各种 3D 打印工程塑料材料之中性能比最佳。通过碳纤维、石墨的复合处理，该材料能够表现出极高的强度，打印制造出承受高强度负荷的工业产品，成为替代传统材料金属、陶瓷等的首选材料而广泛用于航空航天、交通工具及医疗行业，如图 7-27 所示。

图 7-26 聚酰胺粉末及其复合材料产品

图 7-27 聚苯砜材料制作的耐高温达 189℃ 的咖啡壶

5) 环氧树脂 (EP) 材料

EP(Elasto Plastic) 即弹塑性塑料，该材料非常柔软，弹性非常好，可作为 3D 打印"逐层烧结"，即熔融沉积 FDM 材料进行成型，或粉末化后 SLS 成型使用。用该材料制作的产品弹性好，变形后也容易复原，可通过 3D 打印成鞋帽、手机壳、可穿戴产品，甚至是服饰等产品，如图 7-28 所示。

6) 聚醚醚酮 (PEEK) 材料

该材料是在主链结构中含有一个酮键和两个醚键的重复单元所构成的高聚物，属特种高分子材料，具有耐高温、耐化学药品腐蚀等物理化学性能，是一类半结晶高分子材料，熔点 334℃，软化点 168℃，拉伸强度 132 ~ 148MPa，可用作耐高温和电绝缘材料，可与玻璃纤维或碳纤维复合制成增强材料。

图 7-28 使用环氧树脂材料打印的鞋及鞋底

3. 热固性塑料

热固性塑料以热固性树脂为主要成分，配合以各种必要的添加剂通过交联固化过程后形成制品的塑料。热固性塑料第一次加热时可以软化流动，加热到一定温度，产生化学反应经交联反应而固化变硬，这种变化是不可逆的，此后，再次加热时，已不能再变软流动了。正是借助这种特性进行成型加工，利用第一次加热时的塑化流动，在压力下充满型腔，进而固化成确定形状和尺寸的产品。热固性塑料主要包括酚醛塑料、环氧塑料、氨基塑料、不饱和聚酯、醇酸塑料等。有些如环氧树脂、不饱和聚酯、酚醛树脂、氨基树脂、聚氨酯树脂、有机硅树脂、芳杂环树脂等具有强度高、耐火性特点的、非常适合利用 3D 打印的粉末激光烧结成型工艺。有些如环氧基热固性树脂材料，这种环氧树脂可 3D 打印成建筑结构件用在轻质建筑中。图 7-29 所示为 3D 打印的热固性塑料灯具设计。

图 7-29 3D 打印的热固性塑料灯具

4. 金属材料

目前，金属良好的物理性能、化学性能和工艺性能使得研究人员对金属 3D 打印重点研究，并得到快速发展与应用。金属 3D 打印是在计算机辅助设计下用高精度、高功率的聚焦激光束连续照射金属粉末或金属线丝（使用金属丝作为打印材料，激光束在真空环境中可达 1000℃ 高温)，使材料熔化或黏结（金属粉)，形成液态的熔区、熔池，然后移动激光束，熔化前方的粉末而让后方的金属液冷却凝固。通过逐层堆积金属沉积即可获得构建的金属部件或产品。也被称为激光沉积技术 (Laser Deposition Technology),这能够实现金属的精确成型,生产极度异形、复杂和精致的金属部件与产品。广泛用于航空航天、军工、汽车、摩托车、珠宝、医疗及设备、交通工具、精密仪器仪表及家用民用等众多行业与设计领域。

金属 3D 打印可使用各种各样的金属材料,包括铁、钢、钛、镍、钴、铝、贵金属 (如金银) 等及各种合金材料。金属 3D 打印现阶段还只应用于具有复杂结构的小型和中型零部件及产品的生产制造。随着科技的发展,适宜 3D 打印的新金属材料将层出不穷,将为新功能产品的开发奠定坚实基础,也为产品设计开辟了更广阔的空间,如图 7-30 和图 7-31 所示。

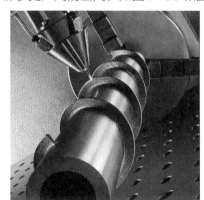

图 7-30　钛金属粉末制作的涡轮泵　　　　　图 7-31　3D 打印的黄铜戒指

　　形态、功能和材料是构成工业产品设计的三大要素,三者互为影响。工业产品设计与材料永远密不可分,材料是一切工业产品设计的载体。未来具有比传统材料性能更为优异、超群的新材料,包括新技术创新运用,将使工业产品注入新的设计活力、使其自由度和可能性无限大。这对于工业产品设计来说是宿命,也是责任。而这种宿命与责任终将落在现在正在求学与探索的年轻一代产品设计师身上。

参 考 文 献

[1] 贺松林，姜勇，张泉. 产品设计材料与工艺 [M]. 北京：电子工业出版社，2014.

[2] 中国腐蚀与防护网. 史上最全的金属表面处理工艺汇总 [EB/OL]. http：//www.ecorr.org.cn/news/science/2016-03-10/4042.html，2016-1-19.

[3] 克里斯·莱夫特瑞. 金属——欧美工业设计 5 大材料顶尖创意 [M]. 张港霞，译. 上海：上海人民美术出版社，2014.

[4] 杜明义. 铝合金材料的应用与交通工具的轻量化 [D]. 哈尔滨：东北轻合金有限责任公司，2016.

[5] 贾毅，张立侠. 橡胶加工实用技术 [M]. 北京：化学工业出版社，2004.

[6] 刘登祥. 橡胶及橡胶制品 [M]. 北京：化学工业出版社，2004.

[7] 温志远，牟志平，陈国金. 塑料成型工艺及设备 [M]. 北京：北京理工大学出版社，2012.

[8] 胡越，游亚鹏. 塑料外衣：塑料建筑与外墙 [M]. 上海：同济大学出版社，2016.

[9] 潘燕丹. 玻璃·塑料家具 [M]. 南京：东南大学出版社，2005.

[10] 肖世华. 工业设计教程 [M]. 北京：中国建筑工业出版社，2005.

[11] 家具木工工艺编写组. 家具木工工艺 [M]. 北京：中国轻工业出版社，1984.

[12] 江湘云. 设计材料及加工工艺 [M]. 北京：北京理工出版社，2003.

[13] 刘观庆，江建民. 工业设计资料集——机电能基础知识·材料及加工工艺 [M]. 北京：中国建筑工业出版社，2007.

[14] 劳建英. 产品设计中新材料的应用研究——基于陶瓷材料的现代家具设计探析 [D]. 上海：东华大学，2012.

[15] 左恒峰. 设计中的材料感知觉 [J]. 武汉理工大学学报，2010，32(10)：55-58.

[16] 郑铭磊. 日用陶瓷的人性化设计研究 [J]. 艺术评论，2011，21(3)：12-14.

[17] 高岩. 工业设计材料与表面处理 [M]. 北京：国防工业出版社，2005.

[18] 苏建宁，李鹤岐. 工业设计中材料的感觉特性研究 [J]. 机械设计与研究，2005，21(3)：12-14.

[19] 陈琳. 日用陶瓷产品设计的人性化研究 [D]. 景德镇：景德镇陶瓷学院，2010.

[20] 叶喆民. 中国陶瓷史 [M]. 北京：生活·读书·新知三联书店出版社，2006.

[21] 田自秉. 中国工艺美术史 [M]. 上海：东方出版中心，2005

[22] 赵占西，黄明宇. 产品造型设计材料与工艺 [M]. 北京：机械工业出版社，2016.

[23] 陈思宇，王军. 产品设计材料与工艺 [M]. 北京：中国水利水电出版社，2013.

[24] 姬瑞海. 产品造型材料与工艺 [M]. 北京：清华大学出版社，北京交通大学出版社，2009.

[25] 姚静媛. 产品材料与设计 [M]. 北京：清华大学出版社，国防工业出版社，2015.